世界技能大赛备赛实战指导教材

世界技能大赛

餐厅服务

技术规范手册

编著　中商技能世界技能大赛图书编委会
主编　辛亚萍　陈晓曦

中国商业出版社

图书在版编目（CIP）数据

世界技能大赛餐厅服务技术规范手册/中商技能世界技能大赛图书编委会编著；辛亚萍，陈晓曦主编.--北京：中国商业出版社，2022.10
ISBN 978-7-5208-2245-9

Ⅰ.①世… Ⅱ.①中… ②辛… ③陈… Ⅲ.①饮食业—商业服务—手册 Ⅳ.① F719.3-62

中国版本图书馆 CIP 数据核字 (2022) 第 173689 号

责任编辑：郑　静

中国商业出版社出版发行
（www.zgsycb.com　100053　北京广安门内报国寺 1 号）
总编室：010-63180647　编辑室：010-83118925
发行部：010-83120835/8286
新华书店经销
三河市天润建兴印务有限公司印刷

*

787 毫米 ×1092 毫米　16 开　12 印张　150 千字
2022 年 10 月第 1 版　2022 年 10 月第 1 次印刷
定价：99.00 元

****

（如有印装质量问题可更换）

中商技能世界技能大赛图书
编 委 会

名誉主任：

许云飞	中国商业技师协会	会　长

主　任：

李　斌	中国商业技师协会餐饮分会	主　席
	中国艺术节基金会饮食艺术专项基金管委会	主　任

常务副主任：

钱以斌	中国商业技师协会餐饮分会	总干事
	上海钱以斌职业技能培训学校	校　长
孙玉成	中国商业技师协会餐饮分会	副总干事
	非物质文化遗产项目"齐国古法黍米老黄酒制作技艺"	代表性传承人
刘万庆	中国商业出版社烹饪编辑部	主　任
	《中国烹饪》杂志社	副主编

副主任：

王　森	中国商业技师协会餐饮分会	副主席
	第44届、第45届、第46届世界技能大赛烘焙项目	
	中国技术指导专家组	组　长
黎国雄	中国商业技师协会餐饮分会	副主席
	第44届、第45届、第46届世界技能大赛糖艺／	
	西点制作项目中国技术指导专家组	组　长
陈　刚	中国商业技师协会餐饮分会	副主席
	第45届、第46届世界技能大赛烹饪（西餐）项目	
	中国技术指导专家组	组　长
辛亚萍	中国商业技师协会餐饮分会	副主席
	第46届世界技能大赛餐厅服务项目中国技术指导专家组	专　家

参编人员：

陈晓曦　张婷婷　栾绮伟　王子剑　霍辉燕　于　爽　向邓一　张　姣　张娉娉　干文华
王超南　高晓龙　韩　磊　王　胜　毛　懋　吕浩然　黎彩平　常福曾　陈海亮　张振祝
顾莉雅　刘　利　刘　雄　邵泽东　汤仁杰　王　辉　王　达　孟繁宇　杨东升　方诗慧
李蓓蓓　高　美　李　历　王　欢　陈　蕴　陈亦凡　吴佳妮　张佳音

《世界技能大赛餐厅服务技术规范手册》

编 委 会

主　　编： 辛亚萍　　陈晓曦

副 主 编： 高　美　李　历

参编人员： 王　欢　陈　蕴　陈亦凡　吴佳妮　张佳音

序 一 Introduction

世界技能大赛是由世界技能组织于1950年创立，是全球范围历史最久、规模最大、水平最高、影响力最广的一项国际性职业技能竞赛，被誉为"世界技能奥林匹克"。

我国世界技能大赛之路始于20世纪90年代，经过20多年的不懈努力，2010年正式加入了世界技能组织。至今，我国已连续参加了5届世界技能大赛，参赛项目和参赛规模不断扩大，参赛成绩不断提升。从2011年伦敦首次参赛取得第一枚奖牌，到圣保罗实现金牌零的突破，再到阿布扎比、喀山连续两届蝉联金牌榜、奖牌榜和奖牌总分榜第一，中国青年技能健儿不断攀登技能巅峰，展现了新时代中国优秀技能人才的风采，为国家赢得了荣誉。2017年，中国上海申办第46届世界技能大赛获得成功。10年峥嵘，我们踏踏实实，一步一个脚印，取得了举世瞩目的成绩。但我们应该清醒地认识到，我国在世界技能大赛中的成绩还不够均衡，历届获奖主要集中于制造与工程技术领域，累计获得了18枚金牌、8枚银牌、8枚铜牌，累计奖牌34枚，多个项目蝉联金牌。而在社会和个人服务领域，累计获得了3枚金牌、4枚银牌、2枚铜牌，个别项目至今未获得金牌和奖牌，表明在该技能领域我国还存在短板，亟须加强教育培训，迎头赶上世界先进水平。

我非常高兴地看到，中国商业技师协会餐饮分会积极行动，组织世界技能大赛烘焙、糖艺/西点制作、烹饪（西餐）、餐厅服务四个竞赛项目相关专家、教练、选手、专业人员，认真开展技术研究，总结归纳参赛和备赛经验，提炼相关培养培训标准，编写成书并向社会大众分享。书中既有对世界技能大赛和相关项目的介绍，也有项目技术细节、集训备赛资料的分享，更有参与者的感悟和心得，可谓内容丰富、指导性强。

我相信，这套书籍将有利于世界技能大赛在社会公众中科普推广，有利于推动业界对世界技能大赛的标准和成果的理解、吸收和转化，有利于营造社会服务类技能人才成长良好的社会氛围，将吸引并带动更多的青年人投身技能、热爱技能，走上技能成才、技能报国之路，为促进就业创业创新，打造中国服务品牌，推动经济高质量发展提供强有力支撑。

是为序。

中华人民共和国人力资源和社会保障部原副部长
第41届、第42届世界技能大赛中国组委会主任

2022年5月

INTRODUCTION

The WorldSkills Competition (WSC) has been founded by the WorldSkills International since 1950. In today's world, WSC undoubtedly is the greatest international vocational skills competition in every aspect such as its history, scale, quality, and influence. It is no exaggeration to say that WSC is the Olympics of Skills.

China sets its foot in the early journey to WorldSkills was in 1990s, through tenacious efforts in over 20 years, we finally joined the WorldSkills family in 2010. So far, China has been competing in 5 consecutive WorldSkills Competitions, the skills competed, and the scale of Team China are expanding, and the results are continuously improving as well. From the first medal in the first WorldSkills London 2011, to the first valuable gold medals in WorldSkills Sao Paulo 2015, to two times being first places in the total medal points, average point, and total point at WorldSkills Abu Dhabi 2017 and WorldSkills Kazan 2019, Chinese young Competitors has kept pushing their limit in Skills, showing off China's outstanding skilled personnel in new era, and winning honors for our mother country. In 2017, Shanghai successfully won bid to host the 46th WorldSkills Competition. Look back to the memorable ten years, we were down-to-earth, consolidated at every single step, finally, we made remarkable achievements. Meanwhile, we should be soberly aware that China's performance in the WSC is still not balanced enough. So far, our awards were mainly concentrated in the sector of Manufacturing and Engineering Technology with total 34 medals including 18 gold medals, 8 silver medals, and 8 bronze medals, and even we successfully defended our gold medals in some skills. However, in the sector of Social and Personal Services, we have won 3 gold medals, 4 silver medals, and 2 bronze medals in total, some skills still did not make breakthrough of gold medals or medals. Evidence suggests that we still have plenty of scope for improvement within the sector, therefore, it would be vital for these skills to improve their preparation and training, and work harder for catching up the top-level in the world.

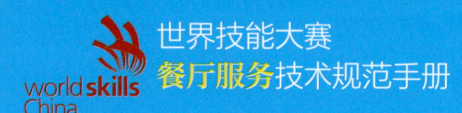

  I am very happy to see that the Catering branch, China Association of Business Professionals is playing a proactive role in organizing Experts, coaches, Competitors, and professionals from teams of four WSC's Skills including Bakery, Pâtisserie and Confectionery, Cooking, and Restaurant Service. The stakeholders conducted technical research, summed up experience from previous Competitions and preparation, compiled training standards, and composed them into books for the public. These books include introduction of WorldSkills movement and China's engagement, and skills in general, as well as the technical details of those skills, training and preparation materials, and aspiration and experiences from these participants. I am sure these books would be practical, instructive, and rich in content.

  I do believe, these books would popularize WorldSkills movement among the public, while our industry would be benefit from understanding and benchmarking WSC's standards and its best practices. Furthermore, it could help to create a good atmosphere in social services for skilled talents standing out as well. The good atmosphere will attract and inspire more young people to engage themselves with skills, love skills, master skills, and then serve the country with their honoed skills. Let's work together, we can provide strong support for promoting employment, entrepreneurship, and innovation, make a good reputation of Chinese service, and promote high-quality economic development.

Former Deputy Minister, Ministry of Human Resources and Social Security of the P.R. China

Former Director, WorldSkills China (41st and 42nd WSC)

May 2022

序 二 Introduction II

世界技能大赛是当今职业技能竞赛中地位最高、规模最大、影响力最大的国际赛事，每两年举办一届，被誉为"世界技能奥林匹克"，其竞赛水平代表了职业技能发展的世界先进水平，是世界技能组织成员展示和交流职业技能的重要平台。在俄罗斯喀山举办的第45届世界技能大赛上，中国代表团共获得16枚金牌、14枚银牌、5枚铜牌和17个优胜奖，再次荣登金牌榜、奖牌榜、团体总分第一。

在获得金牌的项目中，数控铣、焊接2个项目实现金牌"三连冠"，车身修理、砌筑、花艺、时装技术4个项目蝉联冠军。获得银牌的项目包括糖艺/西点制作、信息网络布线、机电一体化、飞机维修等。获得铜牌的项目包括烘焙、烹饪（西餐）、工业控制、塑料模具工程等。获得优胜奖的项目包括餐厅服务、CAD机械设计、商务软件解决方案、印刷媒体技术等。

其中与餐饮相关的4个项目全部有我国选手获奖。这些选手分别是：银奖获得者糖艺/西点制作项目选手钟玲轶；铜奖获得者烘焙项目选手张子阳，烹饪（西餐）项目选手蔺永康；优胜奖获得者餐厅服务项目选手吴佳妮。

中共中央总书记、国家主席、中央军委主席习近平曾对我国技能选手在第45届世界技能大赛上取得佳绩作出重要指示，向我国参赛选手和从事技能人才培养工作的同志们致以热烈祝贺。习近平强调，劳动者素质对一个国家、一个民族发展至关重要。技术工人队伍是支撑中国制造、中国创造的重要基础，对推动经济高质量发展具有重要作用。要健全技能人才培养、使用、评价、激励制度，大力发展技工教育，大规模开展职业技能培训，加快培养大批高素质劳动者和技术技能人才。要在全社会弘扬精益求精的工匠精神，激励广大青年走技能成才、

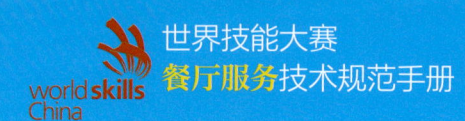

技能报国之路。

作为餐饮工作者和世界技能大赛参与者应清醒地认识到：我们与世界发达国家和地区的技能整体发展水平还有一定差距，我们的世界技能大赛成果转化和技能培训教育也还有很长的路要走。

为了更好地推广世界技能大赛文化、促进世界技能大赛成果转化、助力中国技能行业发展、提升中国职业教育水平，中国商业技师协会餐饮分会联合中商技能（海南）文化发展有限公司组织世界技能大赛的中国专家编写了这套"世界技能大赛备赛实战指导教材"。每本书的主编皆由历届世界技能大赛项目的专家组组长或资深专家领衔，他们带领中国专家组专家、翻译人员，根据备战世界技能大赛历程、世界技能大赛评判实际操作以及亲身感悟倾囊相授，包括世界技能大赛相关项目的规则、规范、试题、作品及训练方案等。通过系统地学习，可以使读者能够领会世界技能大赛的要义，不仅能更好地备战世界技能大赛，更能很好地参加世界技能大赛，赛出水平、赛出成绩。

职业教育是技能强国的重要抓手，世界技能大赛是引领职业技能提升的一个重要平台。"世界技能大赛备赛实战指导教材"是国内第一套系统地介绍世界技能大赛的专业书籍，主要读者对象是专业院校老师、相关专业学生及酒店餐饮业从业人士。这是一套普及世界技能大赛知识的专业教材，一经发行必将为世界技能大赛餐饮文化的推广及我国餐饮职业教育的提升起到重要作用。

由于"世界技能大赛备赛实战指导教材"的编写尚属首次，限于编写人员的专业水平和能力，加之时间匆忙，书中难免存在不足之处，恳请专家、教练、选手和广大读者批评指正。

祝我国世界技能大赛选手取得更好成绩！

中国商业技师协会餐饮分会主席　李　斌

2022年5月

前言 Preface

岁月如梭，白驹过隙。自从我国2010年加入世界技能组织以来，已经匆匆迈过了十多年的历程。

我国的餐厅服务项目自2015年巴西圣保罗第43届世界技能大赛开始参赛，随后参加了2017年阿联酋阿布扎比第44届世界技能大赛、2019年俄罗斯喀山第45届世界技能大赛。在中国技术指导专家、教练的带领下，3届比赛中3名年轻的选手金立立、陈亦凡、吴佳妮，他们刻苦训练的青春身影，忙碌在集训基地；他们的奋力拼搏，在赛场上为国争光。在世界技能大赛中国组委会领导的坚强领导下，在集训基地的大力支持下，在专家、教练、翻译的指导和支持下，餐厅服务项目团队在不断努力，项目的水平和成绩在不断提升。值此职业技能竞赛蓬勃发展、技能人才大发展的大好时机，餐厅服务项目团队曾经、现在的参与者，基于往期数届参赛和训练的感悟、积累及资料，我们组织编写了这本《世界技能大赛餐厅服务技术规范手册》。

在本书编写过程中，盘锦福德汇餐饮管理有限公司辛亚萍、天津职业技术师范大学世界技能大赛中国（天津）研究中心陈晓曦、上海市南湖职业学院高美、杭州第一技师学院李历共同对本书整体工作进行了策划。他们和第44届世界技能大赛中国代表团餐厅服务项目选手陈亦凡、第45届世界技能大赛中国代表团餐厅服务项目选手吴佳妮一起，共同讨论并确定思路和框架，审定写作大纲，明确写作要求，组织写作。本书共6章，具体分工如下：第一章、第二章、第三章由陈晓曦编写，第四章、第五章由李历编写，第六章由高美编写，附录由陈晓曦、高美编写，由辛亚萍、陈晓曦、高美、李历、王欢、陈蕴、张佳音进行了审阅。

本书在世界技能大赛中国组委会领导的悉心指导下，在中国商业出版社有限公司的大力支持下，终于得以完成。尽管面临新冠肺炎疫情等不利影响，尽管编写人员自身工作、备战集训等繁重工作非常繁忙，大家仍然利用个人业余时间甚至牺牲休息时间，坚持按时、高质量完成书稿。编写人员在写作过程中，参考了世界技能大赛的官方文件、技术文件等资料，学习并参考了研究者和学者的前期书籍和论文，得到了相关人员的支持和帮助。书中图片主要来自世界技能大赛中国组委会、世界技能组织官网、选手个人。餐厅服务项目的团队成员，积极地为本书编写做出了贡献，其中，中国技术指导组专家组长王欢，教练组长陈蕴，选手陈亦凡、吴佳妮，前翻译朱政嘉，他们尽管忙于集训备赛、阶段性选拔和自身本职工作，无力拨冗参与编写，还是第一时间提供了宝贵的专业资料和指导意见，进行了悉心指导和全力帮助。在临近定稿前，陈蕴对整书逐字逐句进行了仔细审核，进行了大量的专业性修改意见。来自美国纽约大学的艺术硕士，用户体验设计师、美食爱好者张佳音对书稿进行了仔细审阅并提供了反馈意见。在此，一并向他们表示最诚挚的敬意和谢意。

通过世界技能大赛、中华人民共和国职业技能大赛的赛事引领，可以营造积极良好的社会氛围，鼓励更多的年轻人投身餐厅服务项目，培养并遴选优秀的技能人才。作为竞赛项目的持续推动和发展，需要持续的技术资料的积累，期望本书能为餐厅服务项目的专家、教练、选手，以及关心、爱好餐厅服务项目的读者提供参考。

由于本书编写定位尚属首次，限于编写人员的专业水平和能力，加之时间匆忙，书中难免存在不足之处，甚至会存在谬误，恳请专家、教练、选手和广大读者批评指正。

编　者

2022年5月

目录 Contents

第一章　世界技能大赛与餐厅服务项目　/001
第一节　世界技能大赛的起源　/001
第二节　世界技能大赛在中国的起源和发展　/004
第三节　中国世界技能大赛参赛历程　/007
第四节　餐厅服务项目历史背景　/012
第五节　中国参加世界技能大赛餐厅服务项目竞赛情况　/014

第二章　世界技能大赛的技术标准与餐厅服务项目的技术标准　/019
第一节　世界技能大赛的文件体系　/019
第二节　世界技能大赛中的餐厅服务项目行业背景　/027
第三节　餐厅服务项目的技术标准　/028
第四节　世界技能大赛的评测　/039

第三章　餐厅服务竞赛项目实践　/046
第一节　餐厅服务的着装和语言要求　/046
第二节　竞赛模块变化与沿革　/050
第三节　餐厅服务项目主要竞赛内容　/052

第四章　中式餐饮服务国内相关比赛介绍　/065
第一节　中华人民共和国职业技能大赛精选餐厅服务赛项　/066
第二节　全国职业院校技能大赛餐厅服务赛项　/073
第三节　餐厅服务赛项的未来趋势　/076

第五章　疫情时代的餐厅服务管理　/077
第一节　综合管理　/078
第二节　人员管理　/080

第六章　餐厅服务英语　/090

附录一　第45届世界技能大赛餐厅服务项目标准规范、
　　　　竞赛模块及评分方案摘要表　/129
附录二　常用英语词汇表　/141

第一章

世界技能大赛与餐厅服务项目

第一节 世界技能大赛的起源

世界技能大赛（WorldSkills Competition，WSC）由世界技能组织（WorldSkills International，WSI）发起并举行，至今已有70余年的历史。截止到2021年，世界技能大赛一共举行了45届。无论是历史渊源、赛事规模，还是国际影响力和竞赛水平，世界技能大赛无疑都是当今全球最顶级的国际职业技能赛事。因此，世界技能大赛被誉为"世界技能奥林匹克"。

1950年，第1届世界技能大赛起源于欧洲的西班牙。第二次世界大战之后，全球尤其是欧洲经济遭受重创，技术工人严重短缺。在这种情况下，时任西班牙最大技能培训中心的负责人弗朗西斯科·阿尔伯特·维达（Francisco Albert Vidal）和同事一起，于1947年在西班牙举办了第1届全国职业技能竞赛。在此基础上，经过和葡萄牙的技能培训组织沟通策划，1950年，由西班牙青年阵线（Frente de Juventudes）组织作为主办方，在西班牙马德里的圣女德拉帕洛玛工会学院（Virgen de la Paloma Trade Union College）（见图1-1）举行了第 1 届世界技能大赛。比赛于 1950 年 11 月 21 日至 12 月 6 日举行，当时只有西班牙和葡萄牙分别派出的 12 名选手、共 24 名选手参加了装配钳工（Fitting）、木模制作（Wood pattern making）、车工（Turning）、电器绕线（Electrical winding）、铣工（Milling）和家具制作（Cabinet making）共 6 个竞赛项目的比赛。当时，还没有设立如今的金、银、铜牌，在 12 月 6 日举行的颁奖仪式上，大赛主办方为每位优胜选手颁发了大致相当于今天 12 欧元的现金奖励[①]。

图 1-1　首届世界技能大赛的举办地：西班牙马德里的圣女德拉帕洛玛工会学院
图片来源：世界技能组织官网 Photo: courtesy of WorldSkills International。

---

① https://worldskills.org/media/news/worldskills-celebrates-70-years/.

随后，世界技能大赛在欧洲快速发展，来自德国、英国、法国、摩洛哥、瑞士与其他国家和地区的选手纷纷加入进来。1958年，第7届世界技能大赛首次走出西班牙马德里，来到了比利时布鲁塞尔。1970年，第19届世界技能大赛首次走出欧洲，来到了亚洲——日本东京。

时光如梭，经过70多年的发展，世界技能组织的成员已经从当初屈指可数的两个成员国，发展为目前的85个成员国和地区，涵盖了全球约三分之二人口。世界技能大赛的举办时间也从刚开始的每年一届，至20世纪90年代起逐步稳定为每两年一届。竞赛项目和选手人数不断攀升，从刚开始的6个竞赛项目、24名选手，扩展为2019年俄罗斯喀山第45届世界技能大赛中设立的56个竞赛项目、1300余名选手[1]。赛事的举办地也不再限于欧洲，从1958年首次走出西班牙（比利时布鲁塞尔第7届世界技能大赛）开始，1970年首次走出欧洲来到亚洲（日本东京第19届世界技能大赛），1981年首次来到北美洲（美国亚特兰大第26届世界技能大赛），1988年首次来到大洋洲（澳大利亚悉尼第29届世界技能大赛），2015年首次来到南美洲（巴西圣保罗第43届世界技能大赛）。截止到目前，全球五大洲中，除了非洲之外，所有人类长期居住的大洲都已经举办过世界技能大赛。第46届世界技能大赛竞赛项目达到62个，选手约1000名。第47届世界技能大赛计划于2024年9月在法国里昂举行。

---

[1] https://worldskills2019.com/en/media/news/v-kazani-zavershilsya-45-j-mirovoj-chempionat-po-professionalnomu-masterstvu-po-standartam-worldskills/index.html.

第二节　世界技能大赛在中国的起源和发展

一、前期探索

我国加入世界技能组织、参加世界技能大赛的探索可以追溯到20世纪80年代。1986年，中央领导在劳动部报送的《关于高级技工培养问题的报告》上批示："要制定切实可行的措施和举措，举办全国性技术比赛，并选出优秀者参加国际青年奥林匹克竞赛[①]。"随后，劳动部于1989年首次组团前往澳大利亚，观摩考察了澳大利亚全国奥林匹克技能竞赛大会，随后又多次派团观摩日本、韩国的全国技能竞赛大会[②]。

在此基础上，为尽快了解国际青年奥林匹克技能竞赛，创造条件推进我国加入世界技能组织、参加世界技能大赛的进程，进一步推动群众性岗位练兵活动。同时，采用国际青年奥林匹克技能竞赛的标准锻炼队伍，发现和选拔优秀选手，1993年1月，劳动部、全国总工会、共青团中央、国家教委、机械工业部、建设部、商业部、国家旅游局、轻工总会等九部门，联合举办了首届中国青年奥林匹克技能竞赛（以下简称首届青奥赛）。首届青奥赛共设立车工、钳工、木模制作、砌砖工（瓦工）、抹灰工（泥瓦工）、珠宝、家具制作、西餐烹饪、餐厅服务、女式理发共10个工种，竞赛标准及选手参赛资格均按照国际青年奥林匹克竞赛标准执行，和目前世界技能大赛的要求相同，要求参赛选手在大赛当年的年龄不超过22周岁。

[①] 国际青年奥林匹克竞赛是现代世界技能大赛的前身，于2000年更名为世界技能大赛。
[②] 王锡赞.历经坎坷铸辉煌——中国职业技能竞赛走向世界之路回顾[J].中国就业,2015(09):4–7.

1993 年首届青奥赛期间，邀请了时任世界技能组织主席希斯·勃克先生，以及日本、韩国和中国台湾的主管职业技能竞赛的官员，前来观摩指导比赛。同时，劳动部向外交部正式提交了"关于建议申请加入世界技能组织的函"，由此拉开了中国职业技能竞赛走向世界、加入世界技能组织的序幕。整个比赛历时一年，得到了中央领导的高度重视。1993 年 11 月，首届青奥赛的表彰大会在北京人民大会堂召开，党和国家领导人还在中南海亲切接见了获奖选手，本次比赛在当时的社会上引起了很大反响。

二、中期积淀，蓄势待发

1997 年以后至 2008 年，由于当时的国际政治环境尚不成熟、经费问题等，我国加入世界技能组织、参加世界技能大赛的事宜在此期间暂时搁置。

这一时期，我国的职业技能竞赛工作重点可以归纳为两大方面。一方面是对外，包括组织双边和多边竞赛交流，学习和借鉴其他国家和地区的职业技能竞赛工作经验；另一方面是对内，主要涉及规范制度建设、推动和发展国内职业技能竞赛工作等。这些为我国后来加入世界技能组织积累了组织管理经验，打下了良好的技术和人才基础[1]。

三、我国正式加入世界技能组织

进入 21 世纪，我国的经济实力和综合国力显著增强，党中央国务院对技能人才工作高度重视，我国加入世界技能组织的时机逐渐成熟。基于前期和世界技能组织的联络和我国职业技能竞赛的成果，2009 年我国人力资源和社会保障部重新启动加入世界技能组织的筹备工作。2010 年 10 月，我国在牙买加首都

---

[1] 徐大真，陈晓曦，等. 中国世赛十年 [M]. 北京：中国人力资源和社会保障出版集团，2020.

金斯敦的2010年世界技能组织全体成员大会上正式提出申请，并获批加入世界技能组织。自此，我国的技能青年人才终于正式走上了世界技能大赛的国际舞台（见图1-2所示，为颁发成员证书现场）。

图1-2　中国正式加入世界技能组织[①]

图片来源：世界技能大赛中国组委会。

按照世界技能组织的章程，其成员既可以是国家，也可以是地区。同为亚洲国家的日本，早在1961年就加入了世界技能组织。韩国也于1966年加入世界技能组织，并在之后的第19届世界技能大赛中奖牌榜第1。中国台湾、中国澳门、中国香港，以地区名义分别于1970年、1983年、1997年加入了世界技能组织。

[①] 时任中华人民共和国人力资源社会保障部国际合作司副司长戴晓初从时任世界技能组织主席杰克·杜塞尔多普手中接过世界技能组织成员证书。

第三节　中国世界技能大赛参赛历程

2010年，我国正式加入世界技能组织以后，开始着手准备组织参加世界技能大赛。

2011年，我国首次派团参加于英国伦敦举行的第41届世界技能大赛（见图1-3）。我国派出6名选手参加了6个项目的比赛，取得了1枚银牌和5个优胜奖的良好成绩，首次参赛实现了奖牌零的突破。

图1-3　中国代表团参加第41届世界技能大赛

图片来源：世界技能大赛中国组委会。

在2013年于德国莱比锡举行的第42届世界技能大赛中，我国派出了29名选手参加了22个项目的比赛（见图1-4），取得了1枚银牌、3枚铜牌和13个优胜奖的成绩。

图1-4　中国代表团参加第42届世界技能大赛

图片来源：世界技能大赛中国组委会。

在2015年于巴西圣保罗举行的第43届世界技能大赛中，我国派出了32名选手参加了29个项目的比赛（见图1-5），取得了5枚金牌、6枚银牌、4枚铜牌和11个优胜奖的优秀成绩。在这一届，中国代表团不仅成功实现了金牌零的突破，而且创造了我国参加世界技能大赛以来的最好成绩。

第一章 世界技能大赛与餐厅服务项目

图 1-5　中国代表团参加第43届世界技能大赛

图片来源：世界技能大赛中国组委会。

在 2017 年于阿联酋阿布扎比举行的第 44 届世界技能大赛中，我国派出了 52 名选手参加了 47 个项目的比赛（见图 1-6），取得了 15 枚金牌、7 枚银牌、8 枚铜牌和 12 个优胜奖的优异成绩。中国代表团不仅夺得了金牌榜第一、奖牌榜第一的可喜成绩，总体成绩再创新高，工业机械装调项目的选手宋彪还获得了阿尔伯特·维达大奖[①]。

---

① 阿尔伯特·维达大奖是以世界技能组织的创始人阿尔伯特·维达先生的名字命名，用于奖励每届大赛中获得所有竞赛项目中最高分的选手。

图 1-6　中国代表团参加第44届世界技能大赛

图片来源：世界技能大赛中国组委会。

在 2019 年于俄罗斯喀山举行的第 45 届世界技能大赛中，我国派出了 63 名选手参加了全部 56 个项目的比赛（见图 1-7），取得了 16 枚金牌、14 枚银牌、5 枚铜牌和 17 个优胜奖的优异成绩。中国代表团还获得了金牌榜第一、奖牌榜第一、团体总分第一的优异成绩，获得了历史最好成绩。

第一章
世界技能大赛与餐厅服务项目

图 1-7　中国代表团参加第45届世界技能大赛

图片来源：世界技能大赛中国组委会。

中国参加世界技能大赛的届次和获奖情况如表1-1所示。

表 1-1　中国参加世界技能大赛届次和获奖情况

年份	赛事	主办城市	参赛项目	选手数量	获奖情况
2011	第41届世界技能大赛	英国伦敦	6	6	1枚银牌 5个优胜奖
2013	第42届世界技能大赛	德国莱比锡	22	29	1枚银牌 3枚铜牌 13个优胜奖
2015	第43届世界技能大赛	巴西圣保罗	29	32	5枚金牌 6枚银牌 4枚铜牌 11个优胜奖
2017	第44届世界技能大赛	阿联酋阿布扎比	47	52	15枚金牌 7枚银牌 8枚铜牌 12个优胜奖
2019	第45届世界技能大赛	俄罗斯喀山	56	63	16枚金牌 14枚银牌 5枚铜牌 17个优胜奖

第四节　餐厅服务项目历史背景

餐厅服务项目属于世界技能大赛中六大领域之一的社会与个人服务领域，是世界技能大赛竞赛项目中历史悠久、参赛人数多、个人综合素质要求高的项目之一。据可查询到的记录，餐厅服务项目最早在1997年瑞士圣加仑第34届世界技能大赛中开始举行，一直延续至今。实力较强的成员国家有瑞士（6次金牌）、奥地利（3次金牌、1次银牌、3次铜牌）、爱尔兰（3次金牌、1次铜牌）、澳大利亚（1次金牌、3次银牌、3次铜牌）、加拿大（1次金牌、1次银牌、2次铜牌）等。据可查询的资料，1997年以来，餐厅服务项目历届参赛选手和获奖情况如表1-2所示。

表1-2　世界技能大赛餐厅服务项目历届参赛选手和获奖情况

年份	赛事	主办城市	选手数量	金银铜获奖情况
1997	第34届世界技能大赛	瑞士圣加仑	18	金牌：奥地利、中国台湾、瑞士（并列） 银牌：空缺 铜牌：空缺
1999	第35届世界技能大赛	加拿大蒙特利尔	19	金牌：爱尔兰 银牌：奥地利 铜牌：加拿大、英国（并列）
2001	第36届世界技能大赛	韩国首尔	16	金牌：韩国 银牌：加拿大 铜牌：奥地利
2003	第37届世界技能大赛	瑞士圣加仑	18	金牌：瑞士 银牌：澳大利亚 铜牌：韩国、加拿大（并列）

年份	赛事	主办城市	选手数量	金银铜获奖情况
2005	第38届世界技能大赛	芬兰赫尔辛基	16	金牌：奥地利、爱尔兰（并列） 银牌：空缺 铜牌：意大利、澳大利亚（并列）
2007	第39届世界技能大赛	日本静冈	21	金牌：芬兰 银牌：德国 铜牌：中国台湾
2009	第40届世界技能大赛	加拿大卡尔加里	25	金牌：澳大利亚、加拿大（并列） 银牌：空缺 铜牌：意大利、英国、爱尔兰（并列）
2011	第41届世界技能大赛	英国伦敦	23	金牌：瑞士 银牌：澳大利亚、芬兰（并列） 铜牌：空缺
2013	第42届世界技能大赛	德国莱比锡	26	金牌：瑞士 银牌：澳大利亚、中国台湾、德国（并列） 铜牌：奥地利
2015	第43届世界技能大赛	巴西圣保罗	34	金牌：奥地利、爱尔兰 银牌：空缺 铜牌：巴西
2017	第44届世界技能大赛	阿联酋阿布扎比	37	金牌：瑞士 银牌：印度尼西亚、中国台湾（并列） 铜牌：奥地利
2019	第45届世界技能大赛	俄罗斯喀山	33	金牌：瑞士 银牌：法国 铜牌：泰国

第五节　中国参加世界技能大赛餐厅服务项目竞赛情况

一、历届中国技术指导专家组、教练、翻译名单

年份 / 届次	专家组、教练组、翻译
2015 年 巴西圣保罗 第 43 届世界技能大赛	1. 专家组成员 王　欢（组长）　上海红塔豪华精选酒店总经理 王　虹　上海豫园万丽酒店餐饮部副总监 皮　采　锦江国际管理专修学院高级技师 朱苏闽　浙江浅草食品科技有限公司研发总厨 2. 教练组成员 陈　蕴（组长）　上海城建职业学院副教授 吴永杰　上海师范大学旅游学院系副主任 丁晓蓉　外滩 22 号会所总经理助理 何陈逸　上海国际贵都大饭店西餐厅督导 3. 翻译 朱政嘉　上海市南湖职业学院教师
2017 年 阿联酋阿布扎比 第 44 届世界技能大赛	1. 专家组成员 王　欢（组长）　上海红塔豪华精选酒店总经理 陈　蕴　上海城建职业学院副教授 李　鑫　绿地酒店管理集团北虹桥绿地铂骊酒店餐饮总监 2. 教练组成员 陈　蕴（组长，兼）　上海城建职业学院副教授 高　静　杭州第一技师学院旅管系主任 陈衍怀　广州市轻工技师学院高级技师 3. 翻译 陈晓曦　天津职业技术师范大学副教授

年份/届次	专家组、教练组、翻译
2019年 俄罗斯喀山 第45届世界技能大赛	1. 专家组成员 王　欢（组长）　上海红塔豪华精选酒店总经理 陈　蕴　　　　　上海城建职业学院副教授 李　鑫　　　　　绿地酒店管理集团北虹桥绿地铂骊酒店餐饮总监 王　虹　　　　　上海豫园万丽酒店餐饮部副总监 徐孙君　　　　　江西省电子商务高级技工学校讲师 2. 教练组成员 孟　伟（组长）　上海市南湖职业学院旅游专业主任 朱苏闽　　　　　浙江浅草食品科技有限公司研发总厨 李　历　　　　　杭州第一技师学院教师 童亚莉　　　　　广州市轻工技师学院教师 3. 翻译 曾　幸　　　　　江苏盐城技师学院教师

二、参赛选手

我国餐厅服务项目选手于2015年第一次参加了在巴西圣保罗举行的第43届世界技能大赛，随后参加了第44届、第45届大赛，总共获得2次优胜奖，成绩不断提升，我国参赛选手和获奖情况如表1-3和图1-8所示。

表1-3　我国参加餐厅服务项目世赛选手和获奖情况

年份 （届次）	主办城市	中国选手	所属单位	选手数量	获奖情况
2015 （第43届）	巴西圣保罗	金立立	杭州第一技师学院	34	第25名
2017 （第44届）	阿联酋阿布扎比	陈亦凡	上海东方航空公司	37	优胜奖（第14名）
2019 （第45届）	俄罗斯喀山	吴佳妮	上海东方航空公司	33	优胜奖（第9名）

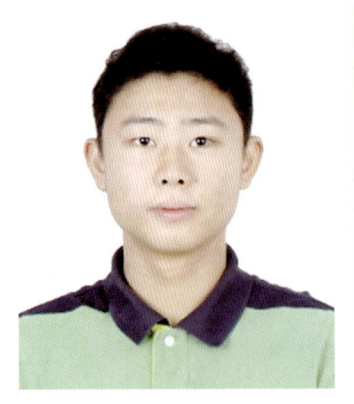  

金立立　　　　　　　　陈亦凡　　　　　　　　吴佳妮

图 1-8　我国参加世界技能大赛餐厅服务项目历届选手

图片来源：世界技能组织官网 Photo: courtesy of WorldSkills International。

金立立在参加完第 43 届世界技能大赛之后，于 2016 年出国留学，就读于英国萨里大学的国际酒店管理专业。他希望未来继续进一步深造学习，在国际知名的企业中历练、积累经验，然后回国继续从事专业工作。

比赛后的陈亦凡，从上海民航职业技术学院毕业之后，正式成为一名东航乘务员。现在的她，是东航研发中心"东航技能大师工作室（乘务）"领衔人之一，并担任服务培训中心乘务培训部培训教员。陈亦凡于 2019 年入选并担任世界技能冠军联络小组（WorldSkills Champion Trust）的亚洲代表[①]，并担任 2022 年中国上海第 46 届世界技能大赛"梦想大使"，担任发言人，在世界技能大会等国际场合代表中国青年技能人才交流发声的同时，还积极参与大赛的宣传工作。此外，陈亦凡多次参加技能扶贫工作，在扶贫职业技能大赛和乡村振兴职业技能大赛中担任裁判，并前往云南德宏等地开展技能援教合作帮扶行动。

---

① 世界技能冠军联络小组是一个由世界技能大赛往届选手组成的志愿者团体，由每大洲推选出 1～2 名代表，目前共有 11 人。冠军联络小组致力于提高世界技能大赛往届选手的参与度，并促进他们积极参与世界技能组织的有关项目、计划和活动。

吴佳妮完成比赛之后，回归东航，重新践行起了自己心中的"蓝天梦"，成为东航技术应用研发中心服务培训中心乘务培训部培训教员、中国东方航空股份有限公司客舱服务部头等舱乘务员、吴佳妮技能大师工作室的领头人。无论是新冠肺炎疫情期间的航班保障，在"逆行者"飞行任务中在航班上作为乘务员服务旅客，还是担任第44届世界技能大赛暨首届国际青年论坛（TVET Youth Forum）中国代表，与全球各国的优秀青年和往届冠军选手代表深入交流，吴佳妮在世界技能大赛之后没有止步不前，她在继续书写自己的精彩人生。

应该说，三位年轻的选手通过参加世界技能大赛餐厅服务项目的选拔、训练和竞赛，既磨炼了精湛的技能，也拥有了良好的心理素质、具备了专业的国际视野，改变了自己的人生轨迹。大赛后的他们，在专业的道路上继续深入探索，以切身行动实现青春价值，弘扬精益求精的工匠精神，成为匠心精神的践行者。期待他们今后的人生取得更大的进步，祝愿他们的未来更加精彩。

三、集训基地

我国对世界技能大赛的备战，即集训和阶段性考核，是以竞赛项目的集训基地为载体组织开展的。在每届世界技能大赛全国选拔赛之后，由选出排名靠前的若干名优秀选手组成国家集训队，在集训基地进行大致为期一年的赛前备赛集训，通过阶段性考核，选出最优秀的一名参赛选手或一队参赛选手参加世界技能大赛。

随着我国参赛工作的不断深入，参赛项目不断增加，我国的集训基地建设工作也在不断进行调整和优化，相应的制度也得到了不断的建设和规范。中国集训基地的遴选和设立呈现了"由单到多"和"逐渐规范"的趋势。在第41届至第43届世界技能大赛期间，我国采用的是"单基地"模式，即每个竞赛项目在一个单位设立一个集训基地。从第44届世界技能大赛开始至今，确立并发展为"多基地"模式,即一个竞赛项目在不同的单位设立多个集训基地。

因此,在第43届世界技能大赛期间,餐厅服务项目设立了1个集训基地。随后,在第44届和第45届世界技能大赛期间,逐渐扩展为3个和4个集训基地。在第46届世界技能大赛期间,设立了6个集训基地。详情如表1-4所示。

表1-4　餐厅服务项目历届集训基地情况

年份/届次	集训基地
2015年巴西圣保罗第43届世界技能大赛	上海市南湖职业学校
2017年阿联酋阿布扎比第44届世界技能大赛	上海市南湖职业学校 杭州第一技师学院 广州市轻工技师学院
2019年俄罗斯喀山第45届世界技能大赛	上海市南湖职业学校 杭州第一技师学院 广州市轻工高级技工学校 盘锦福德汇餐饮管理有限公司
2022年第46届世界技能大赛	上海市南湖职业学校 盘锦福德汇餐饮管理有限公司 江苏省徐州技师学院 杭州第一技师学院 广州市轻工技师学院 阜康技师学院

第二章
世界技能大赛的技术标准与餐厅服务项目的技术标准

第一节　世界技能大赛的文件体系

根据世界技能组织自身对文件的分类及文件的效力位阶、功能与内容，其文件可分为两大类（见图2-1）：

（1）官方管理文件（Official Documentations）；

（2）竞赛技术文件（Competition Documentations）。

图 2-1　世界技能组织文件体系

其中，官方管理文件由章程（Constitution）、议事规则（Standing Orders）、竞赛规则（Competition Rules）、道德与行为准则（Code of Ethics and Conduct）组成。而竞赛技术文件则包括了技术说明（Technical Descriptions），测试项目[Test Projects，也包括评分方案(Marking Scheme)]，基础设施列表（Infrastructure Lists），项目管理计划（Skill Management Plans），健康、安全与环境规范（Health, Safety and Environment Regulations），场地布局图（Workshop Layouts）。除这两大类之外，通常还有其他资源（Other Resources），各类文件的

中、英文名称与分类如表2-1所示。

表 2-1 世界技能大赛的文件分类与内容

序号	类别	包含文件
1	官方管理文件（Official Documentations）	（1）章程（Constitution） （2）议事规则（Standing Orders） （3）竞赛规则（Competition Rules） （4）道德与行为准则（Code of Ethics and Conduct）
2	竞赛技术文件（Competition Documentations）	（1）技术说明（Technical Description） （2）测试项目与评分方案（Test Projects, Marking Scheme） （3）项目管理计划（Skill Management Plans） （4）基础设施列表（Infrastructure Lists） （5）健康、安全与环境规范（Health, Safety and Environment Regulations） （6）场地布局图（Workshop Layouts）
3	其他资源（Other Resources）	咨询报告、讨论稿、主办方官方文件、商业推广策略、培训资料、技术管理团队资料等、测试项目模板、年度报告、官方认证人员指南、相关会议过程文件、纪要、决议等

以下介绍这些文件的主要内容。

1. 官方管理文件（Official Documentations）

世界技能组织的官方文件由四个文件组成，分别为章程、议事规则、竞赛规则、道德与行为准则。

（1）章程（Constitution）。作为世界技能组织的根本性文件，章程是世界技能组织经特定程序制定的关于组织规程的法规文书，是一种根本性的规章制度。章程主要规定了世界技能组织的名称、所在地、宗旨、使命、目标、内部组织结构、常任委员会、组织的官员构成。此外，对世界技能组织的成员（包括国家与地区）的吸纳与管理进行了规定，并包括了经费的计算与缴纳方式，通用条款、最终条款等。世界技能组织的首个章程于2000年在葡萄牙里斯本确立，历经3次较大改版与14次小范围修订，目前最新版的章程为2020年10月由世界技能组织现任主席克里斯·汉弗莱斯（Chris Humphries）等通过视频会议讨论修订的3.9版。

（2）议事规则（Standing Orders）。该文件规定了相关行政事务议事规则，内容精简但较为具体，涵盖了会议制度与选举程序、执行委员会的选举与任命、提议的方式与处理流程、世界技能大赛的申办、成员的类别与加入接收、财务、理事机构与常任理事会的权利和义务、选出与任命的官员的权利和职责、官方语言、翻译与旗帜、最终裁决机制等。议事程序于1995年在法国里昂首次设定，历经3次大的改版和15次小的修订，目前为2020年10月由世界技能组织现任主席克里斯·汉弗莱斯（Chris Humphries）等通过视频会议讨论修订的3.10.1版。

（3）竞赛规则（Competition Rules）。竞赛规则作为竞赛组织、管理与实施的官方文件，历经9次大的改版、拆分、合并和多次局部修订，原有的2013年7月公布的5.1版为单一规则。2014年11月，在2015年巴西圣保罗第43届世界技能大赛之前，竞赛规则版本升级为6.0版，并拆分为两部分，即A卷和B卷。2017年的阿联酋阿布扎比第44届世界技能大赛也沿用了"竞赛规则A卷+竞赛规则B卷"的形式。其中竞赛规则A卷内容为世界技能大赛的组织，主要包括世界技能大赛组织方式、管理方式、对外交流、质量审计、举办竞赛项目、可持续发展、受委派的参与者、赛场权限与认证、正副首席专家的提名等相对宏观的

第二章 世界技能大赛的技术标准与餐厅服务项目的技术标准

竞赛组织方面内容。竞赛规则B卷为世界技能大赛管理、实施的规则与流程，主要对健康安全与环境、基础设施与场地组织、技术说明、项目特定规则等技术文件的功能与内容进行了定义。此外，还规定了评测方式、测试项目、评测程序、奖牌与奖励、问题与争议解决程序等。

在2019年俄罗斯喀山第45届世界技能大赛期间，竞赛规则由A、B两卷再次合并为一卷，在2022年第46届世界技能大赛中，也采用该单卷的形式。截止到最新的竞赛规则为2022年世界技能组织全体成员大会决议通过的9.3.1版，主要内容如表2-2所示。

表2-2 世界技能竞赛规则章节内容

主要章节	主要章节
1. 简介	9. 基础设施列表
2. 赛事的组织	10. 测试项目
3. 举行的竞赛项目	11. 评测与打分
4. 注册	12. 问题与争议
5. 权限与认证	13. 沟通/通信
6. 人员身份	14. 健康安全与环境
7. 竞赛项目管理	15. 试点项目
8. 技术说明	

（4）道德与行为准则（Code of Ethics and Conduct）。该文件对如何确保竞赛公平透明、问责机制、回避制度、环境与可持续性进行了规定。目前为2017年4月修订的2.2版。

以上官方管理文件，均在世界技能组织的官网对外公布，可以通过以下网址获取：https://worldskills.org/about/#official-documents，如图2-2所示。

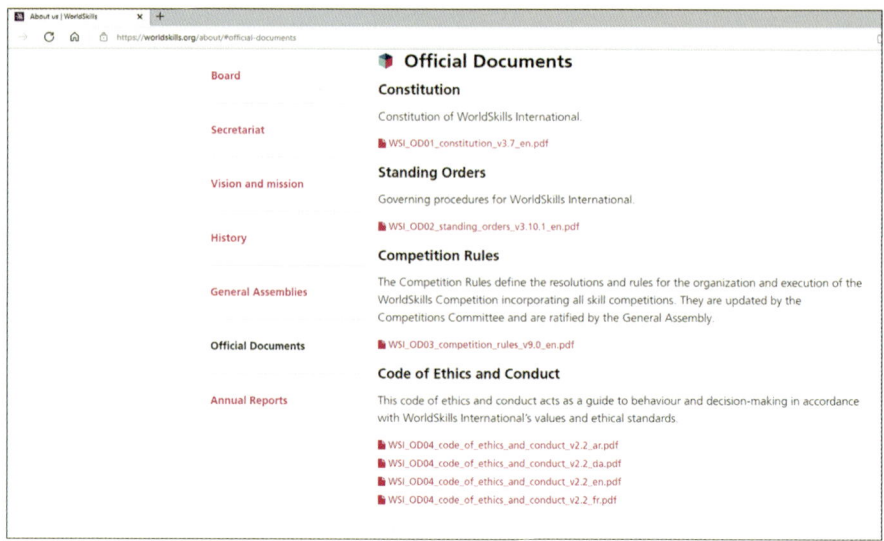

图 2-2　世界技能组织的官方管理文件

2. 竞赛技术文件（Competition Documentations）

世界技能大赛的竞赛项目及其标准、竞赛内容不是一成不变的。按照世界技能组织设定的机制，其竞赛项目的标准、测试项目和评测方法以每两年一届的竞赛周期持续进行更新和调整，最终目的在于"体现构成本竞赛项目的技术和职业表现的国际最佳实践方法所需的知识、理解力和具体技能"。因此，通过定期向行业、企业征询意见及反馈，以及持续开发更新，餐厅服务项目的技术标准、竞赛内容也在按照行业最新、最佳的实践不断地进行调整和更新。

（1）技术说明（Technical Description）。对于竞赛项目而言，技术说明是最重要的技术文件。其对职业技能标准、评分策略和规范、评分规则、测试项目（赛题）的形式和出题方式、项目管理与沟通、材料与设备等重要内容进行了详细的说明，是参赛的全体成员都必须严格遵守的技术层面重要规范。按照竞赛规则，技术文件在每届世界技能大赛之后都会更新，并于赛前12个月公布，目前大部分竞赛项目的技术说明为2022年第46届世界技能大赛之前更新的

8.0版。

（2）测试项目与评分方案（Test Projects, Marking Scheme）。测试项目也就是赛题，通常以图纸、文字或图文混合的形式，对竞赛项目的测试项目的规范、参数等进行详细描述，部分竞赛项目的测试项目还包括产品模型文件、电子文件素材等内容。评分方案与测试项目对应，以评分表及汇总表的形式呈现，评分方式通常分为评价与测量两类，即主观评分和客观评分。

（3）项目管理计划（Skill Management Plans）。即竞赛的日程安排表，项目管理计划除了正式举行世界技能大赛的4天之外，还包括赛前7天的准备时间以及赛后2天的收尾时间。竞赛日程安排按级别不同，分为两种：一种是世界技能大赛整体管理计划，为大赛所有竞赛项目和其他活动的整体计划，对竞赛日程包括赛前准备工作、竞赛期间所有活动、赛后的整体安排进行规定；另一种是竞赛项目自身的内部项目管理计划，按照世界技能大赛整体管理计划制订，具体到每天的每个小时甚至分钟，对竞赛项目的赛前准备、竞赛期间每天的工作时间、工作内容、责任人等进行详细规定。

（4）基础设施列表（Infrastructure Lists）。基础设施列表列出了每个竞赛项目由主办方提供的所有赛场内物品、设备、工具等，通常包括通用设施、办公设备、场地用品、机床与设备、耗材、赛前熟悉用材料等，并包括设备的数量、品牌、型号、规格、图片、说明书等详细信息。基础设施列表在赛前根据主办方与赞助商、供应商的沟通结果而不断更新并调整。按照竞赛规则，大赛主办方在大赛前6~8个月之前向所有成员的技术代表、专家组长公布竞赛相关的机床、设备与工具的详细信息。

（5）健康、安全与环境规范（Health, Safety and Environment Regulations）。本文档主要涉及每个竞赛项目的相关法规、防火、电气及工具认证、场地安全、个人防护用具等相关要求。按规定，所有官方认证的参加者均有责任遵守主办方与世界技能组织的健康安全环境规范。另外，据竞赛规则，如果成员本国或地区的健康安全环境法规标准严于主办方与世界技能组织的标准，则该成员的人员应遵循较严的本国或地区标准。

（6）场地布局图（Workshop Layouts）。场地布局图以图纸的方式呈现，通常分为三种：整个世界技能大赛场地整体布局、某个场馆的整体布局、单个竞赛场地内部的详细布局图。包括了场地电气路线、压缩空气、区域划分等场地基础设施的详尽信息。

各竞赛项目的历届技术文件，经过成员组织认证并在世界技能组织官网中注册的人员，包括专家组长、选手、翻译等，可以在世界技能组织的官网中获取：https://worldskills.org/internal/competition-documentation/。如图2-3所示。

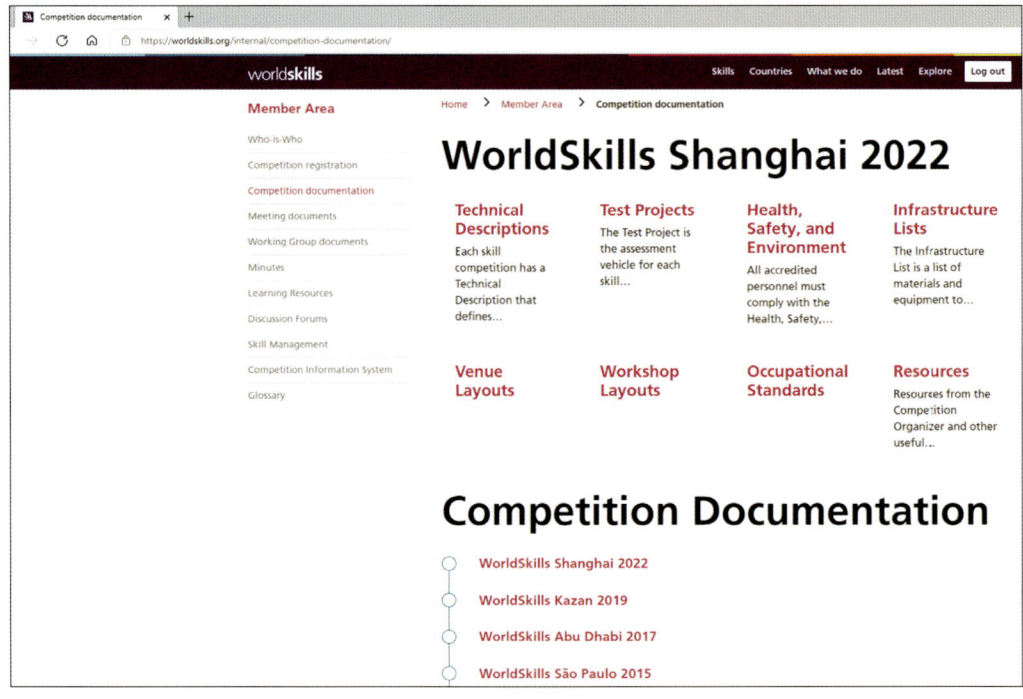

图2-3 世界技能组织官网的各竞赛项目技术文件

第二节 世界技能大赛中的餐厅服务项目行业背景[①]

餐饮服务从业者为顾客提供高质量的餐饮服务。餐饮从业者通常在商业领域工作，为顾客提供系列服务。所要求的服务性质、质量与顾客的消费有着直接的关系。因此，为了让顾客满意，从而在行业中生存、发展，餐饮从业者应致力于为顾客提供专业的服务，并与顾客积极沟通。

从业者可能就职于酒店，也可能在餐厅工作。其就职的企业或机构在规模、性质和档次上可能存在巨大的差异。从国际知名连锁酒店到较小规模、人与人之间关系更为亲近的私营餐厅，其所提供的服务质量和水平不同，顾客的期望值也不同。服务的风格取决于目标顾客，其范围很广，既可能是简单的自助服务，也可能是在客人餐桌上制作菜肴的精致服务方式，对于更加精致（高级）的服务形式，食物、饮料服务的复杂程度堪比舞台表演。

高品质的餐饮服务，需要从业者具备各国美食、饮料与各类酒水等广泛的知识。餐饮从业者必须全面掌握公众认可的服务规程，了解在餐桌旁或酒吧中特色菜品与饮品的准备与制作。服务人员负责招待客人，并且提供用餐服务，是用餐体验中最重要的一部分。职业技能、灵活机智、与客人的良好互动、沉着自若、良好的食品卫生操作以及个人良好的卫生习惯、得体的着装、丰富的实践经验等素质都非常重要。

在特殊菜品、饮料和葡萄酒相关服务中，还需要使用各种特殊的工具和材

[①] 整理自第46届世界技能大赛餐厅服务项目技术说明。

料，除了普通餐饮场合中设备的常用使用方法之外，餐饮从业者还应熟悉其特殊使用方法。

不论在何种工作环境下，优秀的沟通、关心客人的技能都是优秀的餐饮从业者所应具备的素质。餐饮服务人员应该和自己的团队成员、酒店或餐厅中其他团队成员进行良好的协同工作。在任何的工作组织、管理方式下，训练有素、经验丰富的餐饮从业者都应该对自己的工作高度负责，高度自主。从确保工作操作卫生与安全、保证顾客和同事的身心健康，到特殊场合的特殊体验，各个环节都需要体现高度的责任心和自主性。

随着餐饮行业的全球化，旅游、商务出行的扩展，以及人口国际流动性增加，餐饮业的工作人员迎来了日益增长的机会，但同时也面临着挑战。对于那些富有才能的餐饮业主来说，这其中蕴含着许多的国际商机。同时，这也要求他们能够理解面对各种不同的文化、潮流和环境。餐饮服务所涉及的多样化技能也在不断地扩展。

第三节　餐厅服务项目的技术标准

一、世界技能职业标准的设立与沿革

1. 背景情况

经过历届竞赛研究积累，世界技能组织设立了各个竞赛项目的世界技能标准规范（WorldSkills Standards Specification，WSSS）。世界技能标准规范在2015年巴西圣保罗第43届世界技能大赛中首次推出，并在2022年第46届

世界技能大赛之前修改为"世界技能职业标准"（WorldSkills Occupational Standard，WSOS）。世界技能职业标准旨在"规定构成此竞赛项目的技术和职业表现的国际最佳实践方法所需的知识、理解力和具体技能"以及"反映全球范围对于该行业或工作、职位的理解"。而竞赛项目举行的目的旨在"展现世界技能职业标准（WSOS）所规定的国际最佳实践方法，或至少在尽可能的程度上对此予以展现"。因此，餐厅服务项目的世界技能职业标准（WSOS），既是竞赛项目的竞赛技术标准，也是集训备赛、日常训练和强化训练所遵循的指导标准[①]。

2. 餐厅服务项目的世界技能职业标准

按照世界技能组织近期对技术说明的要求，餐厅服务项目的世界技能职业标准包含在该项目的技术说明中，而该标准又被分成若干章（Section），类似于我国职业技能标准的"职业功能"。每章均配有标题和编号，并有一个百分率来表示它在该标准中的重要性，通常被称为"权重"（Relative Importance），所有章的权重之和是100%。

餐厅服务项目的世界技能职业标准由通用能力和专业能力组成。其中，通用能力和其他竞赛项目相似，通常包括"工作组织与管理""人际沟通与交流"等。专业能力则是由该竞赛项目即该职业所特有的若干项专业能力组成。每项专业能力的内容通常由两部分组成，一是"了解和理解"（To know and understand），规定了从业者即选手应该具备的理论知识，对应我国职业标准的职业功能的"相关知识要求"。二是"应具备的能力"（Shall be able to），规定了从业者应该掌握的实践技能要求，对应我国职业标准的职业功能的"技能要求"。

---

① 陈晓曦,张瑞.世界技能大赛的职业标准体系、专业能力建设对我国职业技能竞赛专业人才培养和职业技术教育与培训的启示[J].职业,2021(05):18-21.

基于世界技能职业标准，餐厅服务项目的测试项目（Test Project），以及评分方案（Marking Scheme），应体现该项目的世界技能职业标准中所列出的内容，测试项目的评分项将在竞赛项目的范围内尽可能全面地反映世界技能职业标准所描述的内容。按照竞赛规则的要求，评分方案和测试项目将尽可能地遵循世界技能职业标准中的权重分配。

3. 世界技能职业标准和我国职业技能标准的区别

经过初步对比分析，发现世界技能职业标准的组织方式主要按照竞赛活动中的工作重点进行组织，而我国的职业技能标准则是主要按照具体职业功能的工作内容进行组织。因此，二者尽管在知识、技术技能环节存在较多重叠，但在内容组织形式上还是存在较大的差异。

二、第46届世界技能大赛餐厅服务项目的世界技能职业标准

世界技能组织确立了更新机制，对各竞赛项目的技术说明等文件和世界技能职业标准以两年一届的赛事周期进行修订，包括竞赛项目内部修订、定期向全球行业企业征询意见，以确保其标准反映当前国际最新的知识、技能和实践方法。

截止到第46届世界技能大赛，餐厅服务项目的世界技能职业标准如表2-3所示。

第二章 世界技能大赛的技术标准与餐厅服务项目的技术标准

表 2-3　餐厅服务项目世界技能职业标准

序号	章	权重(%)
1	**工作组织和管理**	10
	个人（选手）需了解和理解： ● 不同类型的餐厅服务场所及其采用的服务风格 ● 餐厅环境氛围对整体用餐体验的重要性 ● 不同类型的餐厅服务场所的目标人群 ● 运营餐饮服务企业相关的商业和资金条件 ● 相关法律和规定，包括与健康安全、食物操作、卫生、销售和提供酒精饮料相关的法律及规定 ● 减少商业活动中的浪费和对环境的不良影响、最大化可持续发展的重要性 ● 餐饮服务业所涉及的职业道德 ● 不同部门间有效协作的重要性	
	个人（选手）应具备的能力： ● 以专业的方式向顾客进行自我展示 ● 展示出应有的个人品质和素质，包括个人卫生、整洁专业的仪容、仪表和举止 ● 有效地组织安排工作和计划工作流程 ● 自始至终保持清洁和安全的工作方法 ● 最小化浪费和任何对环境的不良影响 ● 作为团队的一员，有效地与他人协作，并且和其他部门的人员有效协作 ● 对顾客、同事、雇主真诚相待，有良好的职业操守 ● 能应对意外事件或突发情况，并有效地处理好问题 ● 致力于持续性的专业发展 ● 任务的优先处理，尤其是服务多桌客人时	
2	**顾客服务和沟通**	12
	个人（选手）需了解和理解： ● 用餐时整体体验的重要性 ● 在面对顾客和同事时，有效沟通和人际沟通技能的重要性 ● 在营业额增长中，餐饮服务人员起到的重要作用	

序号	章	权重(%)
	个人（选手）应具备的能力： ● 迎接顾客，并引导顾客到相应服务区入座 ● 以扎实的知识为基础，为客人提供有关菜单选择的适当建议和指导 ● 准确地为客人点菜 ● 针对不同的顾客或顾客群体，采用不同的沟通和交流方式 ● 适当地根据环境和顾客的要求，有效地和顾客交流 ● 行为举止礼貌亲切 ● 关注顾客，但不能打扰到顾客 ● 询问顾客，是否一切都让其满意 ● 遵守相应的餐桌礼节 ● 有效地应对那些不易相处的或总是抱怨的顾客 ● 和沟通有困难的顾客有效地交流 ● 识别顾客可能会提出的特别需求，做出回应 ● 和厨房及其他部门员工有效地沟通 ● 呈上账单，处理支付环节，并送别顾客	
3	餐前准备工作 (mise en place)	10
	个人（选手）需了解和理解： ● 整套的标准餐厅材料和设施，包括： ● 餐具（刀、叉、勺） ● 餐具器皿 ● 玻璃器皿 ● 桌布 ● 家具 ● 餐饮服务中特殊用具的用途 ● 餐厅的外观、摆设的重要性 ● 有助于创造良好用餐环境和氛围的各方面因素 ● 准备阶段需要完成的任务	

第二章
世界技能大赛的技术标准与餐厅服务项目的技术标准

序号	章	权重(%)
	个人（选手）应具备的能力： ● 准备餐桌摆设和装饰 ● 确保房间干净整齐 ● 根据用餐风格，适当地布置餐厅 ● 按照预期客人的数量摆放好桌椅 ● 用正确的桌布、刀叉勺餐具、玻璃杯具、瓷器、调味瓶以及其他必要的用具布置餐桌 ● 根据不同的场景和场合需要折叠餐巾 ● 根据不同用餐方式布置餐厅，包括早餐、午餐、下午茶、晚餐、休闲餐饮、菜单点餐、酒吧、宴会和高级零点服务 ● 为自助餐准备自助餐台，包括台边布 ● 安排并准备活动场地，为不同类型的活动准备就绪 ● 安排和准备各种配套区域，例如餐具柜、备餐间，准备菜单菜品可能会用到的佐菜和配套调味品	
4	饮食服务	28
	个人（选手）需了解和理解： ● 本国和国际食品和饮品的服务方式和相关技术 ● 在何时、在何种场合，可能会应用的相应餐饮服务方法 ● 对菜单上所有菜品的原料、烹饪方式及呈现（摆盘）、上菜方式都具备足够的知识，足以为客人提供建议 ● 餐厅服务的当前的和未来的趋势 ● 各种地方的和国际的菜系及其餐饮服务的风格	
	个人（选手）应具备的能力： ● 掌握各种不同服务风格的全套服务流程 ● 如何正确且安全地使用各种专门工具 ● 根据所要上的菜式，使用正确的遮盖物 ● 根据不同的服务风格，以专业高效的方式上菜，例如： 　● 盘式服务 　● 银盘服务 / 法式服务 　● 边桌服务	

033

序号	章	权重(%)
	●推车/餐车服务 ●边桌服务 ●边桌服务的餐前准备、切割摆盘和特殊菜品的服务，包括： 　●菜品的摆盘 　●肉类、家禽的切分 　●整鱼脱骨、鱼肉切片 　●准备和果盘制作 　●制作鸡尾酒的装饰品 　●在准备菜肴时使用香料 　●不同种类的奶酪服务 　●准备沙拉和沙拉酱调料 　●燃焰类菜品（Flambé）（肉类、甜点、海鲜、水果） 　●准备主菜、前菜、甜点 ●适当地展示燃焰类菜品和表演效果 ●从顾客餐桌清理餐盘和其他物品 ●在一道菜与下一道菜之间，在适当的时间清理桌面 ●提供不同方式的用餐服务，包括早餐、午餐、下午茶、晚餐、休闲餐饮、菜单点餐、酒吧、宴会和高级零点服务 ●为非常专业的风格餐厅或国际餐厅提供高品质的餐饮服务 ●按照材料清单，创作自己的甜点菜品[燃焰类菜品(Flambé)]	
5	饮品服务	12
	个人（选手）需了解和理解： ●在餐厅或者其他餐饮场所提供的各种饮品 ●如何正确且安全地使用各种专用工具 ●不同饮料所需使用的对应玻璃杯具 ●不同饮料所需使用的对应瓷具和玻璃杯具 ●各种瓷器、银餐具和玻璃杯具，包括糖盅、奶壶、小勺、过滤器、钳子等 ●识别不同饮料所配的小吃佐食 ●饮品销售和服务的趋势与时尚 ●饮品服务的技巧和风格 ●识别烈酒和利口酒、葡萄酒、啤酒、香槟、糖浆、果汁、茶和咖啡饮料、水	

序号	章	权重(%)
	个人（选手）应具备的能力：	
	●提供服务和撤走不同的饮品和饮料	
	●使用各种专业设备制作和服务饮料：茶壶、咖啡机、烧水器、搅拌机、榨汁机、制冰机、磨豆机、苏打水机等	
	●使用专业设备供应饮料（海马刀、开瓶器、滤冰器、量杯等）	
	●根据特定的料单，制作创意饮品	
	●准备和供应各种冷热饮品	
	●准备和供应利口酒，包括含利口酒的饮料	
	●通过银盘服务的方式提供热饮服务及其伴品	
	●在宴会和招待会等场合提供茶和咖啡服务	
	●适当的时候提供法式小蛋糕或小甜点服务	
	●制作鸡尾酒	
	●制作鸡尾酒装饰物	
	●提供服务，包括饮料、葡萄酒、啤酒、利口酒、鸡尾酒、水	
	●按照正确的程序开瓶	
6	酒精饮料和非酒精饮料服务	12
	个人（选手）需了解和理解：	
	●餐厅服务中涉及的各种酒精和非酒精饮品	
	●各种玻璃杯具以及在饮品服务中的用途	
	●与酒精及非酒精饮品相配的各种小吃佐食	
	●与酒精饮品有关的诚信问题	
	●与销售和提供酒精饮品有关的法律规定	
	●在各种场景下，提供饮品服务的方法	
	●各种鸡尾酒的原料、制作方式和服务方式	
	●与提供和销售酒精饮品有关的道德责任	

序号	章	权重(%)
	个人（选手）应具备的能力：	
	● 布置和准备提供酒精和非酒精饮品的服务区	
	● 在销售和提供酒精及非酒精饮品时，选择相应的杯具和小吃佐食	
	● 在销售和提供酒精及非酒精饮品时，保持高标准的卫生和清洁	
	● 按照当前的相关法规，考虑包括措施、客户的年龄、服务时间和地点等因素，提供酒精饮料饮品	
	● 斟酒服务，例如啤酒、苹果酒	
	● 采用正确的量杯计量酒精饮品	
	● 遵循 IBA 鸡尾酒的酒单（国际调酒师协会）	
	● 在不同的服务风格中，准备、提供酒精及非酒精饮料以及撤离：	
	● 餐桌	
	● 餐前酒会服务	
	● 制作和提供不同风格的鸡尾酒服务：	
	● 调和法（Stirred）	
	● 摇和法（Shaken）	
	● 兑和法（Built）	
	● 搅和法（Blended）	
	● 捣和法（Muddle）	
	● 创意鸡尾酒（Signature）	
	● 通过目视和嗅觉识别不同的烈酒、加强型葡萄酒、开胃酒和利口酒（spirits, fortified wines, aperitifs, and liqueurs）	
	● 从给定的材料清单中，自行创作含酒精和不含酒精的鸡尾酒	

序号	章	权重(%)
7	葡萄酒服务	8
	个人（选手）需了解和理解： ● 葡萄酒的制作工序 ● 各种葡萄酒的具体信息，包括： 　● 葡萄种类 　● 生产方法 　● 产地的国家和地区 　● 酒庄和年份 　● 特点 　● 葡萄酒和食物的搭配 ● 葡萄酒的存储方式 ● 提供葡萄酒服务的准备方法 ● 葡萄酒服务所用的玻璃杯具和设备的选用 ● 不同葡萄酒提供服务的方式 ● 如何用葡萄酒佐餐	
	个人（选手）应具备的能力： ● 在顾客选择葡萄酒时，为顾客提供相应的建议和引导 ● 根据酒香、味道和外观识别各种葡萄酒 ● 解释酒标中的信息 ● 为选定的葡萄酒搭配杯具并正确摆放 ● 向客人介绍葡萄酒 ● 用适当的工具在餐桌上开启葡萄酒，包括开启传统软木塞、香槟塞和螺旋盖的葡萄酒 ● 倒出葡萄酒或在合适的时候进行醒酒 ● 邀请客人试酒 ● 在餐桌倒酒，注意餐桌礼节 ● 在相应葡萄酒的最佳温度和条件下提供侍酒服务 ● 在招待会提供葡萄酒服务，例如香槟服务 ● 通过视觉和嗅觉来识别选定的加强型葡萄酒	

序号	章	权重(%)
8	咖啡服务	8
	个人（选手）需了解和理解： ● 咖啡的制作工序 ● 各种咖啡的细节信息，包括： 　● 咖啡豆 　● 生产和加工 　● 产地的国家和地区 　● 特点 　● 使用专门的机器和设备 　● 制作和提供不同风格的服务 　● 奶制品的处理技术 　● 用于咖啡服务的玻璃器皿和设备的选择 　● 经典的咖啡类型 　● 咖啡豆的研磨 个人（选手）应具备的能力： ● 准备和供应咖啡饮品 ● 遵循经典咖啡的方法 ● 准备一系列国际特色咖啡 ● 在特定的原料单中选择材料并制作创意咖啡 ● 恰当地运用拉花技巧 ● 咖啡的装饰 ● 遵循适当的工作流程	
	合计	100

以上世界技能职业标准（WSOS）的英文原版在世界技能组织的网站上可以查询并免费获取。网址是：https://worldskills.org/what/projects/wsos/。

第四节　世界技能大赛的评测

一、竞赛项目评分方案的构成

按照世界技能组织的规定，所有世界技能大赛竞赛项目的测试项目（Test Project）还应包括评分方案（Marking Scheme）。基于技术说明中规定的世界技能职业标准，评分方案设定了测试项目的评测标准（Assessment Criterion）。

通常，评分方案由5个至9个评测标准（Assessment Criterion）组成，而各项测试标准的名称一般与世界技能职业标准的章的名称或者测试项目的模块名称相同。

每个评测标准又分为若干个子项标准（Sub Criterion），每个子项标准被设定为一张评分表，单个的子项标准也是一个评分小组开展评分的对象。

每个子项标准又拆分为多个评分项（Aspect），按照世界技能大赛的竞赛规则，一个竞赛项目的评分项数量不得少于100，但不得超过250，理想的评分项数量应该在100~200。

每个竞赛项目的所有评分项之和满分为100分，每个评分项的分值不得超过2分。

评分方案的组成结构如图2-4所示。

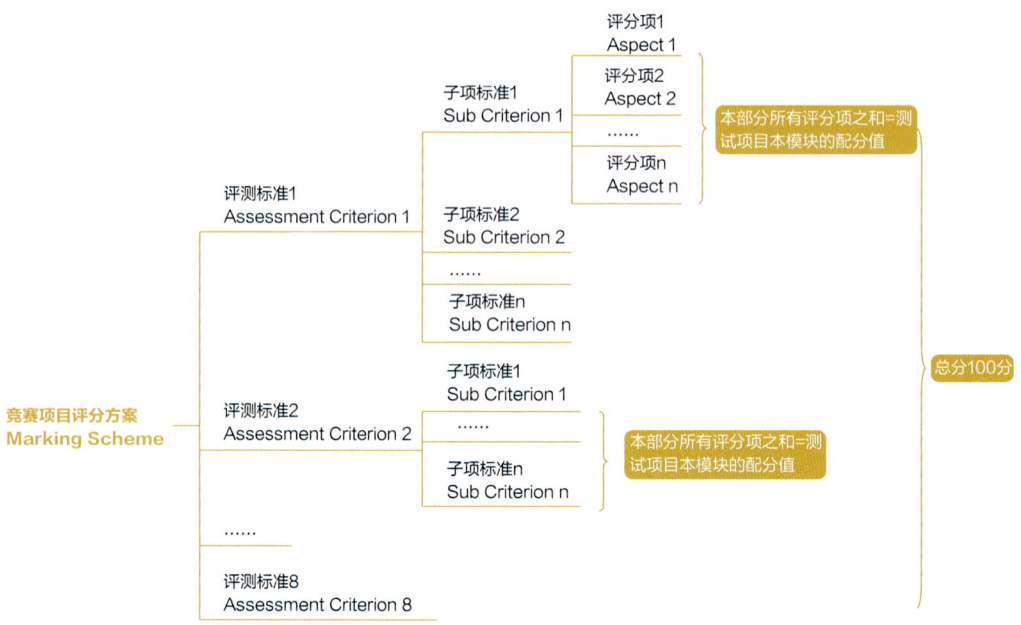

图 2-4　世界技能大赛竞赛项目评分方案组成结构

二、评测方法

1.评测分组

在世界技能大赛中，餐厅服务项目由来自各成员国家或地区通过认证且符合资质的专家担任裁判。专家们以专业特长、来自的国家或地区等，按照不同的竞赛模块（评测标准）被分成若干个评分小组。每个评分小组的专家在固定的场地中负责该场地所有相关模块的评分。赛前，各评分小组讨论并确定评测和打分的细则，竞赛中则按照之前讨论确定的评分细则开展评测打分。

为保证评分的一致性，竞赛期间某个评测环节由对应的评分小组专家对所有选手该部分的竞赛活动进行评分。每个评分小组通常为4人，如图2-5所示。

第二章 世界技能大赛的技术标准与餐厅服务项目的技术标准

图 2-5　餐厅服务项目的专家评分小组

图片来源：世界技能组织 Photo: courtesy of WorldSkills International。

2. 评测方法

按照竞赛规则，目前世界技能大赛竞赛项目的评测方法分为两种：测量（Measurement）和评价（Judgement）。

（1）测量（Measurement）

测量是一种客观的评测方法，通常用于评测可以被客观测量的准确度、精度和其他表现，用于必须避免歧义的场合。测量评分的过程中，评分小组通常由4人组成，由3名专家对每个评分项进行评测，第4名专家负责监督和记录。

测量评分的结果通常是满分或者零分，也可以是依据测评结果和理想结果的偏差值，按照既定的算法给予特定的分值。

（2）评价（Judgement）

评价是一种主观的评测方法，通常用于评测在对照外部参照标准的情况下可能存在表现水平的微小差异。评价评分实行0～3级制。

同样地，评分小组通常由4人组成，由3名专家打分，第4名专家负责监督和记录，以及在3名专家中的某一人涉及本国（地区）选手、需要回避的情况下代替其打分。

评价评分的过程中，首先3名专家分别对每个评分项各自进行评价，然后同时出示评价结果并记录。为保证尺度的一致性和严谨性，评价评分必须依照清晰的参照标准对每个评分项的详细指导（文字、图片、样品或单独的指导说明）进行评价，评价结果只能是0～3级，且组内各评分专家之间的差异不得大于1，否则组内应该进行简短讨论，达成基本一致意见后重新评分，评价结果对应的情况如下：

0：表现低于行业标准。

1：表现达到行业标准。

2：表现达到并在某些方面超过行业标准。

3：表现完全超过行业标准并视为完美。

无论是使用评价评分或测量评分，或者两种评分方法同时使用，每个子项标准都应由一个评分小组来进行评分，同一个评分小组必须对所有选手该部分进行评测打分。

三、餐厅服务项目的评测方案

在近期3届世界技能大赛中,餐厅服务项目的竞赛评测方案均围绕着测试项目的模块进行设置。

在2015年巴西圣保罗举行的第43届世界技能大赛中,餐厅服务的测试项目分为4个模块,共有163个评分项。满分100分,4个模块分别为24.4分、24.7分、26.45分、24.45分。其中测量评分占比为29.00%,评价评分占比为71.00%。

在2017年阿联酋阿布扎比举行的第44届世界技能大赛中,餐厅服务的测试项目分为4个模块,共有173个评分项。满分100分,4个模块各占25分。其中测量评分占比为38.35%,评价评分占比为61.65%。

在2019年俄罗斯喀山举行的第45届世界技能大赛中,餐厅服务的测试项目分为5个模块,共有187个评分项。满分100分,5个模块各占20分。其中测量评分占比为34.45%,评价评分占比为65.55%。

在2022年举行的第46届世界技能大赛中,餐厅服务的测试项目分为9个模块,新增了站立便餐、休闲室、午餐室、早餐室等竞赛模块。各模块分值、测量评分和评价评分等具体详情,截止到本手册编写时尚未公布。

为便于读者参考,第45届世界技能大赛的餐厅服务项目标准规范、竞赛模块及评分方案摘要情况见附录。

我国参加过的3届世界技能大赛餐厅服务项目及2022年第46届世界技能大赛餐厅服务项目的评测方案简况如表2-4所示。

表 2-4　近期世界技能大赛餐厅服务项目评测方案构成

年度/赛事	模块名称/评测标准	子项标准数量	分配分值	评分项数量	评分项总数	测量（客观）评分占比	评价（主观）评分占比
2015年第43届世界技能大赛	1. 酒吧	4	24.40	48	163	29.00%	71.00%
	2. 精致餐饮	4	24.70	40			
	3. 宴会服务	3	26.45	39			
	4. 休闲餐饮	4	24.45	36			
2017年第44届世界技能大赛	1. 酒吧	7	25	53	173	38.35%	61.65%
	2. 精致餐饮	8	25	41			
	3. 宴会服务	9	25	42			
	4. 休闲餐饮	7	25	37			
2019年第45届世界技能大赛	1. 精致餐饮	7	20	46	187	34.45%	65.55%
	2. 休闲餐饮	5	20	32			
	3. 宴会餐饮	6	20	37			
	4. 酒吧	6	20	42			
	5. 咖啡	4	20	30			
2022年第46届世界技能大赛	1. 休闲餐饮	待公布					
	2. 宴会服务	待公布					
	3. 酒吧	待公布					
	4. 精致餐饮	待公布					
	5. 站立便餐	待公布					
	6. 休闲室	待公布					
	7. 咖啡店	待公布					
	8. 午餐室	待公布					
	9. 早餐室	待公布					

四、餐厅服务项目评测方案的更新机制

值得注意的是，餐厅服务项目的竞赛标准、竞赛模块和评测方案不是一直不变的。按照世界技能组织设定的"世界技能测评生命周期"即更新机制，其竞赛标准、测试项目和评测方案以每两年一届的竞赛周期进行更新和调整，最终目的在于"体现构成本竞赛项目的技术和职业表现的国际最佳实践方法所需的知识、理解力与具体技能"。

因此，通过定期向行业企业征询意见及反馈，以及持续的开发更新，餐厅服务项目的技术标准、测试项目内容也在按照行业实践不断调整和更新。图 2-6 为"世界技能测评生命周期"。

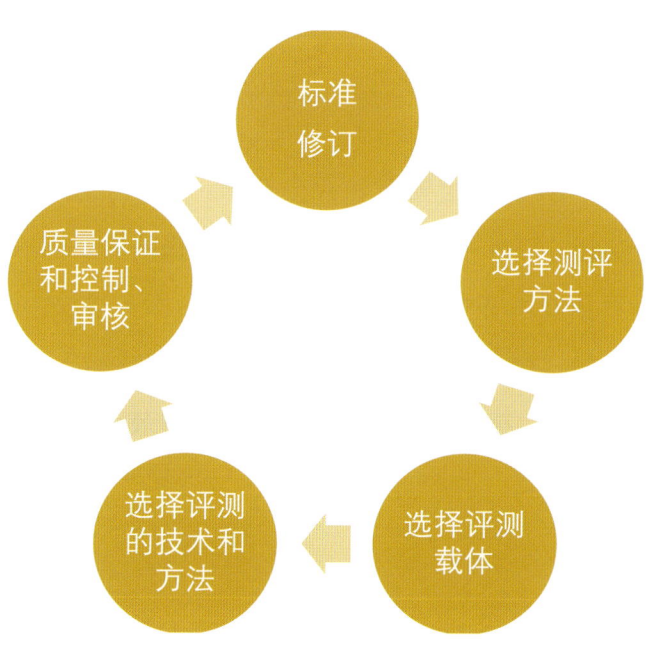

图 2-6 "世界技能测评生命周期"

第三章
餐厅服务竞赛项目实践

第一节 餐厅服务的着装和语言要求

一、选手着装

按照技术说明、健康安全要求和评分要求，选手的着装应该符合行业实践，要求整洁、专业，符合对应的竞赛场景、竞赛模块的要求。

在近期的世界技能大赛中，在休闲餐饮和宴会服务模块中，选手需佩戴统一发放的围裙和领带，选手必须穿着自带的黑色长裤或裙子，以及自带的白色衬衫。而在酒吧、咖啡、精致餐饮模块中，选手的服装可以自行选择。如图3-1所示。

图 3-1　餐厅服务项目比赛期间的选手着装

图片来源：世界技能组织 Photo: courtesy of WorldSkills International。

二、语言要求

依据前期世界技能组织开展的研究，结合竞赛项目本身的行业实际情况，2021年10月，世界技能组织在全体成员大会通过决议，决定自2022年第46届世界技能大赛起，餐厅服务项目继续以"只用英文"（English only）的方式进行比赛。即该竞赛项目在竞赛前、竞赛期间的所有活动以英文作为工作语言，包括赛场会议、现场交流、竞赛开展和资料文档等。翻译只能参加赛前、赛后的简报，不得参加竞赛相关活动，或为专家和选手提供翻译等协助。

鉴于英语在世界技能大赛餐厅服务项目的重要性，我们编写了餐厅服务项目的基本英文会话等内容，供读者参考。详情见第六章。

三、竞赛所用的材料和设备

餐厅服务项目所用的材料和设备以及工具等，或者由竞赛主办方提供，或者由选手自行携带。具体的内容在竞赛项目的基础设施列表和技术说明中进行规定。

1. 基础设施列表

基础设施列表明确了竞赛项目的项目管理团队要求为接下来的比赛所需要的设施、设备、工具、耗材等名称及其数量，主办方在赛前更新基础设施列表，明确设施等的具体数量、类型和品牌/型号。基础设施列表在世界技能组织的官网中公布，经过成员组织认证并在世界技能组织官网中注册的人员可以访问：https://www.worldskills.org/infrastructure。

在某些情况下，特定材料和/或制造商规格的详细信息可能是保密的，在比赛前不予公布。对于餐厅服务项目来说，这些物品可能包括神秘盒等需要提前保密的物品。

基础设施列表不包括要求选手和/或专家携带的物品以及不允许选手携带的物品。

2. 选手自带工具箱

按要求，选手最多可携带两个工具箱，总外部体积不超过0.12立方米（体积＝长×高×宽）。

例如，一箱刀具：40厘米×20厘米×15厘米。

或者，一箱酒吧用品：60厘米×40厘米×20厘米。

体积测量不包括包装箱、其他保护性包装材料、运输用托板、轮子等。

3. 选手自带的物品

选手可以自带的物品包括：一盒火柴或者打火机、开瓶器、边桌与吧台服务所需刀具套装、鸡尾酒摇酒壶4个。

除非事先在世界技能组织论坛上讨论并投票通过，竞赛期间不得带入其他任何物品。

4. 不允许在竞赛区域使用的材料和设备

在比赛期间，专家、翻译和选手不允许使用手机和相机。不得使用数据存储设备、个人笔记本电脑、平板电脑等个人智能设备，也不得使用照相机、摄像机等图像和视频采集设备。

带入竞赛场地的以上物品，应进入场地后随即放入选手的个人储物柜或专家专门的办公室中，只有非竞赛时间，如午餐、比赛结束后才可以拿出在场地外使用。

四、竞赛场地

第45届世界技能大赛餐厅服务项目的竞赛场地布局如图3-2所示。

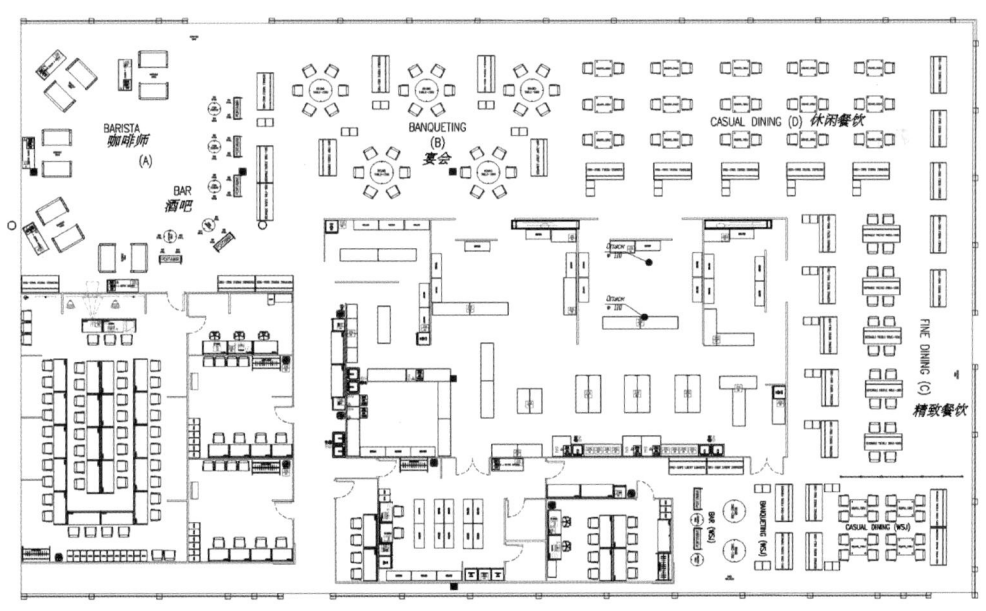

图 3-2　第45届世界技能大赛餐厅服务项目的竞赛场地布局

第二节　竞赛模块变化与沿革

一、测试项目开发、公布和变更

在第43届世界技能大赛中，测试项目各模块由全体专家共同开发，专家分组开发所选定模块。在竞赛期间，临比赛之前再进行30%的变动。

在第44届世界技能大赛中，世界技能组织实施了改革，引入了竞赛项目经理（Skill Competition Manager，SCM）一职。各竞赛项目的竞赛项目经理通常由往届担任过首席专家等重要职务的资深专家担任，直接受聘于世界技能组织，管理、指导和领导竞赛项目的开发和实施。在第44届世界技能大赛之前，测试项目由餐厅服务项目的竞赛项目经理开发，并在临比赛前向专家和选手公布，临比赛前不进行变动。

在第45届世界技能大赛中，测试项目调整为由独立的设计者与竞赛项目经理合作提前开发，在临比赛前向专家和选手公布。在第46届世界技能大赛中，也将沿用这个由独立设计者与竞赛项目经理合作开发测试项目的方法。

二、近期竞赛模块

餐厅服务项目的竞赛模块从第43届至第44届主要分为4个模块，分别是酒吧、精致餐饮、宴会服务、休闲餐饮。第45届竞赛中将咖啡部分从酒吧模块单独设列出来，一共5个模块。第46届中新增了站立便餐、休闲室、午餐室、早餐室等行业中常见的场景4个模块，一共9个模块，竞赛模块和测试项目开发者、公布和调整等详情如表3-1所示。

表3-1 餐厅服务项目的测试项目模块

年度/赛事	测试项目模块	开发者	开发流程、公布与变更
2015年 第43届世界技能大赛	1. 酒吧 2. 精致餐饮 3. 宴会服务 4. 休闲餐饮	各国专家赛前合作开发	1. 赛前各专家开发测试项目模块 2. 测试项目模块由专家们在上一届竞赛中投票选出，并随即公布 3. 临赛前专家们讨论并进行30%变更
2017年 第44届世界技能大赛	1. 酒吧 2. 精致餐饮 3. 宴会服务 4. 休闲餐饮	由竞赛项目经理开发	1. 竞赛项目经理提前开发赛题 2. 临比赛前C-2当天公布 3. 不进行30%变更
2019年 第45届世界技能大赛	1. 精致餐饮 2. 休闲餐饮 3. 宴会服务 4. 酒吧 5. 咖啡师	独立的赛题设计者与竞赛项目经理合作开发	1. 独立的设计者与竞赛项目经理合作提前开发赛题 2. 临比赛前C-2当天公布 3. 不进行30%变更
2022年 第46届世界技能大赛	1. 休闲餐饮 2. 宴会服务 3. 酒吧 4. 精致餐饮 5. 站立便餐 6. 休闲室 7. 咖啡店 8. 午餐室 9. 早餐室	独立的赛题设计者与竞赛项目经理合作开发	1. 提前6个月测试项目草案、模块在论坛上公布 2. 提前5个半月，测试项目、模块由专家在论坛中投票选出 3. 提前5个月测试项目在网站上公布 4. 提前2天（C-2）公布神秘盒子 5. 临比赛前公布的神秘盒构成30%变更

作为技术文件的一部分,每届比赛的测试项目和评分表在赛后一段时间将在世界技能组织官网公布,经过成员组织认证并在世界技能组织官网中注册的人员,包括专家组长、选手、翻译等,可以在世界技能组织的官网中登录后获取:https://worldskills.org/internal/competition-documentation/。

第三节　餐厅服务项目主要竞赛内容

一、竞赛的组织与客人

在第45届世界技能大赛中,竞赛模块共有酒吧(Bar)、咖啡师(Barista)、休闲餐饮(Casual Dining)、宴会服务(Banquet Service)、精致餐饮(Fine Dining,又译作正式餐饮)5个模块,大赛期间选手们分为早晨班和下午班,被分为A、B、C、D、E、F、G、H一共8组,每组4～5名选手。在每日竞赛中,选手按照不同的组别参赛,确保竞赛期间非用餐时间进行酒吧、咖啡师等模块竞赛活动。而在午餐、晚餐的用餐时间则进行精致餐饮、宴会服务、休闲餐饮等模块的竞赛活动。

在第45届世界技能大赛中,选手需要在某一个竞赛日一天完成酒吧、咖啡师两个竞赛模块,其余的竞赛日则只需要参加精致餐饮、宴会服务、休闲餐饮中的一个竞赛模块,分组和轮班如表3-2所示。

表3-2　第45届世界技能大赛中餐厅服务项目的选手分组和轮班情况

早晨班							
竞赛日1	选手组别	竞赛日2	选手组别	竞赛日3	选手组别	竞赛日4	选手组别
酒吧	A	酒吧	D	酒吧	E	酒吧	G
咖啡师	B	咖啡师	C	咖啡师	F	咖啡师	H
休闲餐饮	C	休闲餐饮	G	休闲餐饮	A	休闲餐饮	E
宴会服务	D	宴会服务	H	宴会服务	B	宴会服务	F
精致餐饮	E	精致餐饮	A	精致餐饮	D	精致餐饮	C
下午班							
竞赛日1	选手组别	竞赛日2	选手组别	竞赛日3	选手组别	竞赛日4	选手组别
酒吧	B	酒吧	C	酒吧	F	酒吧	H
咖啡师	A	咖啡师	D	咖啡师	E	咖啡师	G
休闲餐饮	F	休闲餐饮	B	休闲餐饮	H	休闲餐饮	D
宴会服务	G	宴会服务	E	宴会服务	C	宴会服务	A
精致餐饮	H	精致餐饮	F	精致餐饮	G	精致餐饮	B

来访世界技能大赛的客人可以提前预约，预约竞赛第1天至第4天的午餐或晚餐，以及非用餐时间的酒吧和咖啡师等竞赛内容，可以在竞赛期间担任餐厅服务项目的客人接受选手的服务，竞赛场景如图3-3所示。

图 3-3　餐厅服务项目的客人接受选手服务

图片来源：世界技能组织 Photo: courtesy of WorldSkills International。

二、主要竞赛内容

1. 精致餐饮

第45届世界技能大赛中的精致餐饮模块的测评包括6个子项标准，即6部分测试环节，包括葡萄酒知识、餐前准备（mise en place）、提供葡萄酒和饮料服务、提供食物服务、社交技巧，以及考查选手的服装整洁、仪容仪态等整体表现。选手需要为4位客人服务。其中菜单包括鸡尾酒或沙拉，汤、燃焰类菜品和芝士拼盘，饮料可以是开胃酒、饮用水、苏打水、红葡萄酒和甜葡萄酒等，并提供面包和黄油。

本模块本届比赛时间分别为葡萄酒测试 15 分钟,餐前准备/布置(mise en place)1 小时、客人入座后服务 120 分钟。竞赛场景如图 3-4 和图 3-5 所示。

图 3-4　中国选手吴佳妮在精致餐饮模块竞赛中

图 3-5 精致餐饮模块竞赛场景

图片来源：世界技能组织 Photo: courtesy of WorldSkills International。

2. 休闲餐饮

第 45 届世界技能大赛中的休闲餐饮模块中包括了 5 部分测试环节：桌布铺设，餐巾折叠，餐前准备（mise en place），对 3 桌、每桌 2 名客人提供服务，还需要考查选手的服装整洁、仪容仪态等整体表现。其中菜单中开胃菜包括沙拉和汤，主菜为鱼肉主菜、肉类主菜、意大利面，甜点为蛋糕、芝士拼盘、水果沙拉，饮料可以是开胃酒、饮用水、苏打水、红葡萄酒或者甜葡萄酒等，并提供面包和黄油。

本模块本届比赛时间分别为铺桌布和折叠餐巾 30 分钟、餐前准备（mise en place）30 分钟、客人入座后服务 75 分钟（共 2 轮）。竞赛场景如图 3-6 和图 3-7 所示。

图 3-6 休闲餐饮中选手在铺桌布、折叠餐巾

图片来源：世界技能组织 Photo: courtesy of WorldSkills International。

图 3-7 选手在分切三文鱼、布置休闲餐饮餐桌

图片来源：世界技能组织 Photo: courtesy of WorldSkills International。

3. 宴会服务

第 45 届世界技能大赛中的宴会服务模块中包括了 6 部分测试环节，分别是特色燃焰类菜品制作、提前准备（mise en place）、提供葡萄酒和饮料服务、提供食物服务、选手的社交技能、整体表现、服装整洁、仪容仪态等。选手需要为 6 名客人服务。

其中菜单中开胃菜为美式服务，主菜为银盘服务，提供鸡排、蔬菜、土豆等配以酱汁，甜点为边桌服务，提供蛋糕、水果，饮料可以是饮用水、苏打水、白葡萄酒、红葡萄酒、咖啡或者茶等，并提供面包和黄油。

本模块本届比赛时间分别为特色燃焰类菜品准备 15 分钟，特色燃焰类菜品制作 30 分钟，餐前准备（mise en place）60 分钟、最终餐前准备 15 分钟，客人入座后服务 90 分钟。竞赛场景如图 3-8 和图 3-9 所示。

图 3-8　宴会服务餐桌

图片来源：世界技能组织 Photo: courtesy of WorldSkills International。

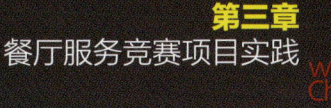

图 3-9　宴会服务现场

图片来源：世界技能组织 Photo: courtesy of WorldSkills International。

4. 酒吧

第 45 届世界技能大赛中的酒吧模块中包括了 6 部分测试环节，分别是无酒精鸡尾酒、气泡葡萄酒、传统鸡尾酒、水果拼盘、选手的社交技巧、整体表现、服装整洁、仪容仪态等。选手需要为 6 名客人服务。其中包括无酒精鸡尾酒服务、气泡葡萄酒服务、传统鸡尾酒点单服务等。

本模块本届比赛时间分别为无酒精鸡尾酒餐前准备 15 分钟，无酒精鸡尾酒服务 30 分钟，气泡葡萄酒服务 45 分钟，传统鸡尾酒点单服务 30 分钟，水果拼盘 30 分钟。竞赛场景如图 3-10、图 3-11 和图 3-12 所示。

图 3-10　酒吧模块中选手在进行餐前准备

图片来源：世界技能组织 Photo: courtesy of WorldSkills International。

图 3-11　中国选手陈亦凡在制作果盘

图片来源：世界技能组织 Photo: courtesy of WorldSkills International。

图 3-12　酒吧模块中选手在制作鸡尾酒

图片来源：世界技能组织 Photo: courtesy of WorldSkills International。

5. 咖啡师

第 45 届世界技能大赛中的咖啡师模块中包括 4 部分测试环节，分别是传统咖啡服务、特色咖啡制作和服务、创意咖啡制作和服务、整体表现（服装整洁、仪容仪态等）。传统咖啡、创意咖啡选手需要为 4 名客人服务，特色咖啡为 2 名客人服务。

其中传统咖啡包括意式浓缩咖啡、美式咖啡、卡布奇诺、馥芮白、拿铁玛奇朵，特色咖啡包括爱尔兰咖啡、法式咖啡、意大利咖啡、瑞士咖啡。创意咖啡需选手自行开发制作。

本模块本届比赛时间分别为熟悉场地设备 15 分钟，创意咖啡制作 30 分钟，传统咖啡服务餐前准备 15 分钟，传统咖啡服务 45 分钟。特色咖啡 30 分钟，创意咖啡餐前准备 15 分钟、创意咖啡服务 45 分钟。竞赛场景如图 3-13 所示。

图 3-13　咖啡师模块中选手在制作咖啡

图片来源：世界技能组织 Photo: courtesy of WorldSkills International。

按照第 46 届世界技能大赛的餐厅服务项目的技术说明，本项目的主要参考书为：《餐厅服务项目培训用书》（*Restaurant Service Skills TRAINING BOOK*）ISBN-10: 9385909320，如图 3-14 所示（敬请注意，参考书可能会因不同的届次而有所调整，而且书中不能涵盖竞赛过程所有的操作细节，敬请读者随时关注最新资料，必要时向专业人士进行咨询）。

图 3-14　餐厅服务项目参考书

《餐厅服务项目培训用书》（*Restaurant Service Skills TRAINING BOOK*）

三、餐厅服务项目的变化和未来展望

按照世界技能组织设立的机制，通过开展研究、开发并设定开发和更新机制，持续在各个竞赛项目中管理和技术层面推动更新变革。例如，近年来新引入了竞赛项目经理、外部设计者进行测试项目开发等，从而确保其从竞赛标准、竞赛内容和测评等相关环节反映最新的国际行业实践。

在2017年第44届世界技能大赛、2019年第45届世界技能大赛，以及2022年第46届世界技能大赛中，均增加了在赛前2天（C-2）公布的神秘盒（Mystery food box）。神秘盒中通常为竞赛主办方提供的具有当地特色的食材等。

在第46届世界技能大赛中，为体现餐饮业的行业实际情况，还新增了站立便餐（Stand-up Meal）、休闲室（Lounge）、午餐室（Lunchroom）、早餐室（Breakfast Room）等在日常生活、工作中常见的相关场景该4个竞赛模块。而且将咖啡师模块（Barista）从第45届的其他模块中独立出来之后，进一步单设为咖啡店模块（Coffee Shop）。

赛题的开发模式也从前期的专家共同开发，变为由竞赛项目经理开发，再调整为独立的设计者和竞赛项目经理一同开发；公布时间也调整为提前5个月公布竞赛模块，竞赛期间公布神秘盒，临比赛前公布正式比赛内容。还依照实际的餐厅服务中常见情况，增加了客户愿望，等等。这些，都意味着技能大赛中餐厅服务项目更加贴近行业实践，也将为我们带来更多的惊喜，期待着这些变化为未来的餐厅服务项目带来更加精彩的呈现。

第四章
中式餐饮服务国内相关比赛介绍

目前,根据整体推进我国技能人才工作均衡和可持续发展的需要,正在积极打造以世界技能大赛为引领、以中华人民共和国职业技能大赛为龙头、以全国行业职业技能竞赛和地方各级职业技能竞赛以及专项赛为主体、以企业和职业院校技能比赛为基础的具有中国特色的职业技能竞赛体系。

中华人民共和国职业技能大赛是经国务院批准、人力资源社会保障部主办的全国职业技能竞赛,第一届比赛于2020年12月在广州顺利举行。自2012年起,在我国教育部系统,每年举办一次全国职业院校技能大赛。下面,我们就对中华人民共和国职业技能大赛、全国职业院校技能大赛中的餐厅服务赛项目进行简要介绍。

第一节　中华人民共和国职业技能大赛精选餐厅服务赛项

一、中华人民共和国职业技能大赛概况

中华人民共和国第一届职业技能大赛（以下简称第一届全国技能大赛）以"新时代、新技能、新梦想"为主题，深入贯彻落实习近平总书记对技能人才工作的重要指示精神，坚持"创新引领、公平公正、节俭安全、科学环保、交流共享"的基本办赛原则，推动以赛促学、以赛促训、以赛促建，对接世界技能大赛，打造新时代全国性综合职业技能竞赛新品牌，营造全社会尊重技能人才、重视技能人才工作的良好环境，整体推进我国技能人才工作均衡和可持续发展。

第一届全国技能大赛分为世赛选拔项目和国赛精选项目，共86个比赛项目。其中，世赛选拔项目63个，国赛精选项目23个。大赛在广州琶洲广交会展馆举行，共有来自全国各省（区、市）及行业36个参赛代表团，2500多名选手，2400余名裁判人员参加，是新中国成立以来，首次举办的规格最高、项目最多、规模最大的全国性、综合性职业技能赛事。为提升赛事的互动性和参与度，设立技能展示互动区域，比赛期间，同时开展世界技能大赛、技工教育和高技能人才培养成果展，以及职业技能展示、青少年技能体验等系列活动（图4-1、图4-2）。

第四章
中式餐饮服务国内相关比赛介绍

图 4-1　中华人民共和国第一届职业技能大赛

图片来源：中华人民共和国人力资源和社会保障部官网。

图 4-2　中华人民共和国第一届职业技能大赛

图片来源：中华人民共和国人力资源和社会保障部官网。

二、中华人民共和国职业技能大赛中的餐厅服务赛项

1. 国赛精选餐厅服务赛项情况简介[①]

中华人民共和国第一届职业技能大赛中的竞赛项目分为两种，一种是世赛选拔项目，另一种是国赛精选项目。这两种竞赛都设立了餐厅服务项目，两个赛项的选手要求和竞赛标准等不完全相同，比赛是分开举行的。其中，世赛选

[①] 本节摘录自中华人民共和国第一届职业技能大赛餐厅服务（国赛精选）项目技术文件。

拔赛项中的餐厅服务项目采用了和世界技能大赛相同的竞赛标准；而国赛精选赛项中的餐厅服务按照《中华人民共和国职业标准（高级工）》基础理论知识要求，以劳动和社会保障部教材办公室组织编写的国家职业技能鉴定指导培训教材《餐厅服务员》为范本进行出题，重点考核选手的礼貌礼仪、食品安全、营养配餐、文明用餐、分餐礼仪、宴会设计、职业技能操作规范和基础知识。

国赛精选餐厅服务项目内容包括为顾客礼貌安座、点配菜点、席间服务等提供就餐服务，并要求独自完成宴会设计、装饰、布置、菜单安排、酒水服务等工作内容。比赛中对选手的技能要求主要包括：宴会主题设计方案、宴会主题摆台、主题造型设计及主题说明、分餐制服务和综合评价（图4-3）。

图 4-3　第一届全国技能大赛餐厅服务（国赛精选）项目获奖选手
金牌：于婷婷（中）、银牌：陈天月（左）、铜牌：黎梓亮（右）
图片来源：中华人民共和国第一届职业技能大赛执委会。

2. 餐厅服务（国赛精选）赛项的技术标准

餐厅服务（国赛精选）赛项的技术标准分为5章，每章均分为基本知识和工作能力，如表4-1所示。

表4-1　餐厅服务国赛精选赛项的技术标准

	相关要求	权重比例（%）
1	综合评价	10
基本知识	——饮食服务和安全卫生知识 ——礼节礼貌和仪容仪表知识 ——饮食风俗与习惯 ——服务人员沟通技巧	
工作能力	——制定并遵守餐饮服务规范 ——能独立开展培训工作 ——讲究服务质量，不断开拓创新 ——服务理念清晰	
2	宴会设计和主题造型	20
基本知识	——了解宴会设计和主题造型知识 ——熟悉宴会设计和主题造型操作程序 ——熟悉宴会主题造型设计和技巧	
工作能力	——独立完成宴会主题设计 ——独立完成主题造型布置 ——能设计宴会菜单和宴会服务	

3		主题宴会摆台	30
基本知识		——中餐餐台摆放要求和技巧 ——中餐零点餐台摆放要求和技巧 ——中餐主题宴会餐台布置	
工作能力		——中餐餐台摆台 ——中餐零点摆台 ——中餐主题宴会摆台	
4		餐巾折花和斟酒服务	25
基本知识		——餐巾折叠基本知识 ——酒水知识和酒水服务 ——了解各地风俗习惯	
工作能力		——能折叠20种杯花、10种盘花 ——能根据宴会主题选择和摆放餐巾花 ——能根据酒水选用酒杯及斟酒服务	
5		分餐服务	15
基本知识		——礼貌礼仪 ——菜品和酒水知识 ——服务流程和规范	
工作能力		——介绍菜点和酒水 ——根据宾客需求提供分餐服务 ——及时更换餐具和毛巾	
		合　计	100

3. 赛题和评判标准

比赛共有5个模块，分别是主题宴会摆台、服务技能、主题设计方案及造型、分餐服务、综合评价。各自的权重如表4-2所示。

表4-2　比赛模块和分值情况

比赛模块	权重
主题宴会摆台	30%
服务技能	25%
主题设计方案及造型	20%
分餐服务	15%
综合评价	10%

4. 赛题内容和竞赛时间

每轮每位选手竞赛的总时长为55分钟。详情如表4-3所示。

表 4-3　赛题内容和竞赛时间

赛题内容		竞赛时间
宴会主题设计方案		检录时提交
主题宴会摆台	主题造型设计	30 分钟
	主题宴会摆台	
	服务技能	
分餐服务		10 分钟
餐巾折花展示		10 分钟
说明和答辩		5 分钟

5. 竞赛模块及评价方式

结合工作实际，本竞赛将理论知识融入技能操作考核过程中，不单独设置理论考核。理论知识按照《中华人民共和国职业标准（高级工）》基础理论知识要求，以劳动和社会保障部教材办公室组织编写的国家职业技能鉴定指导培训教材《餐厅服务员》为范本进行出题。试题在比赛前不进行调整。

评价方式参照世界技能大赛较为成熟的方式，即采用测量（客观评分）和评价（主观评分）两种方式进行评分。

测量为比赛作品需要检测的，由负责的裁判员和裁判长安排至少两名来自不同参赛队的裁判员监督检测，对某评分项的测量评分的结果通常是得分或不得分。

评价评分的每个评分项，均由三名裁判一组同时评分。选手最终得分是根据评分小组中的三位裁判员按照行业标准进行评分，评分结果为0～3级。如各裁判员的评分相差达到2分及以上，应由当事裁判小组内部讨论，将其评分修正至相差不超过2分。

（1）主题设计方案。本项目由选手自主确定宴会主题设计方案，重点考核选手的宴会设计理念、场地布局、宴会接待流程、人员合理分工、食品安全及营养配餐、成本核算及宴会设计平面图等专业基础知识。

（2）主题宴会摆台（十人台）。本项目限定于按中餐服务员工作职责和技能要求进行实际操作。选手根据宴会主题设计方案的要求，独立完成主题宴会摆台。

（3）主题设计说明和答辩。选手需要用3分钟阐述宴会主题方案设计原理和创意说明，需要用2分钟回答裁判提出的3个问题。要求题意相符、表述清晰。

（4）分餐服务。选手用10分钟完成为3位客人提供2道菜的分餐服务（现场提供6道菜，3种饮品），由客人选择一种饮品，选手提供斟倒服务。餐台摆放4道小菜供客人食用,分餐采用边台"按位分餐"方式。用餐过程中,实现餐具、菜(饮)品等的不交叉、无混用。

(5)综合评价。考核包括礼貌礼仪、操作规范、服务意识、应变能力、场地卫生、表述清晰、举止得体。选手需在竞赛现场制作10个餐巾折花(杯花)作品。

第二节 全国职业院校技能大赛餐厅服务赛项

在2012年教育部举办的全国职业院校技能大赛中,设立了餐厅服务相关的赛项,其赛项名称为"中餐主题宴会设计",首届赛事为个人赛。

2013年,为增强学生自主动手和设计能力,延长了比赛时间,要求选手的设计部分必须现场制作完成。通过竞赛,考核高职院校学生的专业理论基础知识和现场操作能力,以及创新能力、应变能力等;引导高职院校酒店管理、旅游管理专业建设,推进在行业发展背景下的教学改革,检验高职学生的职业能力,促进校企合作,推动工学结合人才培养模式的改革与创新。

随着赛事的逐步发展,2017年,这一赛项改革为团体赛项。

2019年,教育部再次启动赛项改革,融合了世界技能大赛餐厅服务的赛项内容,确定2020年餐饮赛项改为餐厅服务赛项,分设中餐主题宴会设计赛项、水果拼盘制作、休闲餐厅服务、鸡尾酒调制和咖啡制作。

2021年,再次更改赛项内容:餐厅服务赛项分为中、西两个竞赛板块,中餐板块赛项为中餐主题宴会设计和水果拼盘制作,西餐板块赛项为休闲餐厅和创意鸡尾酒调制(图4-4)。

图 4-4　全国职业院校技能大赛

图片来源：全国职业院校技能大赛官网。

目前，全国职业院校技能大赛的举办，旨在推动高职酒店管理与数字化运营专业教育教学改革，促进高素质、技术技能型酒店管理与数字化运营专业人才培养，以适应酒店业高质量发展需要。

通过竞赛，可以检验并提升高职酒店管理与数字化运营专业学生在餐饮服务工作中的创新设计能力、对客服务能力、社会交往能力、工作组织能力、服务技术技能等酒店管理专业核心能力（图4-5）。

第四章
中式餐饮服务国内相关比赛介绍

图 4-5　全国职业院校技能大赛餐厅服务宴会摆台

图片来源：全国职业院校技能大赛官网。

通过竞赛，有利于推动高等职业院校的酒店管理与数字化运营专业教育教学改革，促进酒店管理与数字化运营专业教学与产业需求对接，课程内容与职业标准对接，专业教学过程与实际工作过程对接，营造支持职业教育发展、崇尚技艺技能的社会氛围，促进职业院校与行业企业在专业人才培养方面的深度融合，使人才培养目标更好地符合行业和企业需求。

通过竞赛，有利于促进高等职业院校酒店管理与数字化运营专业教育教学对接全国职业院校技能大赛、中国技能大赛、世界技能大赛标准，强化学生规则意识、服务意识、卫生安全意识、环境保护意识等职业素养的培养。

第三节 餐厅服务赛项的未来趋势

一、对标世界先进水平

体现世界技能大赛理念,即反映行业企业真实情况、还原真实情景、体现完整任务、考查综合能力、突出应变能力、强化环保安全意识等。

二、对接职业教育、技能人才发展理念

大赛博采众长,将职业教育本科纳入比赛。将职业教育本科、高职教育、中职教育、技工院校教育赛项进行一体化设计,根据防疫要求,赛项设计线上和线下结合,落实"阳光办赛、节约办赛、安全办赛、廉洁办赛"总要求,努力办成职教人的嘉年华。

三、对接行业发展需求

通过调研掌握行业企业的人才规格需求,在赛项设计中,引入餐饮业新业态、新技术、新经营管理模式,对接"1+X"技能等级证书制度,服务国家战略需求和区域经济社会发展需要。

第五章
疫情时代的餐厅服务管理

新型冠状病毒肺炎作为急性呼吸道传染病，具有传播速度快，人传人等特点。目前所见传染源主要是新型冠状病毒感染的患者，无症状感染者也可成为传染源。主要传播途径是飞沫传播和密切接触传播，由于在粪便及尿中可分离到新型冠状病毒，应注意粪便及尿对环境污染造成气溶胶或接触传播，人群普遍易感。戴口罩、勤洗手、少聚集对个人防疫极其重要。控制传染源、切断传播途径、保护易感人群是防疫的有效手段。

根据关于国家疫情常态化防控的工作要求，为统筹疫情防控和经济社会发展，为了保障餐饮服务业和社会防控的安全，进一步优化餐饮业疫情防控措施，做好餐饮业可持续发展，餐饮服务业应在疫情常态化期间做好并规范如下防控工作（图5-1）。

图 5-1 疫情防控下的餐厅服务

图片来源：thephilbiznews.com。

第一节　综合管理

一、管理责任主体的建立

饭店应成立疫情防控应急领导小组，饭店负责人为应急小组组长，全面统筹落实疫情防控工作。指定专人负责每日关注国家和所在省市地区及街道社区的疫情防控相关要求，并将排查通报等及时向员工公布，实施对全体员工进行每日动态检查和报告制度。每日安排专人在饭店门口对用餐顾客等的健康码、行程码、核酸检测情况、体温等进行检查和监测。

二、编制应急预案

实行"一店一策、一店一案"方式，结合实际编制用餐地区的防控应急预案，制定完善疫情防控升级、出现突发疑似病例等紧急情况下的应急预案。

三、疫苗接种和核酸检测

按照当地疫情防控要求，及时对厨师、餐厅服务人员等接种疫苗，定期进行核酸检测。

四、消毒和督查制度

成立专门的消毒小组和督查人员，负责饭店内各区域的消毒和检查落实工作，并建立消毒、检查等台账，做到有据可查、有迹可循。督查人员负责每日例行对疫情防控、消毒工作的检查，尤其是关键位置、关键环节等，对不合格的地方要及时纠正。

五、环境卫生的保持

保持公共场所空气流通，保持环境卫生整洁，及时清理垃圾。

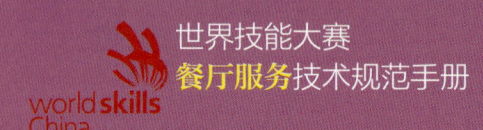

六、防护用品的使用和佩戴

在岗人员必须佩戴口罩,不佩戴口罩的人员一律不得进入单位,对口罩、手套等常用防疫用品进行集中回收处置管理。

七、保持社交距离

饭店用餐期间注意保持社交距离,严禁各种不必要的长时间、聚集类活动。

八、疫情防控宣传

在显著位置通过显示屏循环播报,并张贴疫情防控宣传材料。

第二节 人员管理

一、员工管理

1. 采取人员限流、弹性工作、错峰上下班、定期核酸检测、两点一线上下班等方式,降低人员集中度并减少感染传播可能性。多人协作团队工作的,服务和管理工作距离应保持在1米以上。

2. 员工每天进入经营场所（工作区域）前，应安排专门人员监测员工健康码、行程码、核酸检测报告、测量体温，体温正常方可入内工作，并进行洗手消毒。若员工体温超过37.3 ℃，有发热、干咳、乏力等可疑症状，应立即停止工作，就近到定点医院发热门诊就诊，并第一时间按要求向辖区有关部门报备。

3. 掌握员工近期外出情况（所到区域，是否去过中高风险区域，是否接触过疑似患者，是否出现发热、咳嗽、呼吸困难等相关症状），并汇总登记，员工应予配合并不得隐瞒与疫情有关的情况。外地返回员工要严格落实地方政府防疫要求，必要时可采取隔离措施。

4. 引导员工分流乘坐电梯，乘坐人数不超过电梯轿厢最大容量的50%。

5. 加强员工自我防护，工作期间应全程佩戴口罩（图5-2），并按规范要求及时更换。特殊岗位的员工应佩戴手套（一次性PVC或普通户外手套均可）等必要防护用具，手套应每日更换。手套清洗前，先用含氯消毒剂浸泡。不戴潮湿的手套。

6. 服务人员与服务对象交流时，应保持适当距离，并减少或避免与未佩戴口罩等防护用具的人员近距离接触。

7. 对进入室内服务区人员实行定期核酸检测和每班次三次体温检测。发现体温异常和/或伴有咳嗽、呼吸不畅等症状的，应及时到驻地指定医疗机构排查、诊治，并对密切接触人员进行登记。

8. 减少服务区域特别是密闭场所人员数量，避免人员聚集。减少员工出差的频次、人数，特别是严格控制赴疫区人员。

9. 保洁、保安、员工食堂、维修等后台服务人员，纳入统一管理。严格按照排班和岗位、区域开展工作，禁止自行调整班次、串岗、跨区活动。工作中在遵守行业规定和标准的基础上，严格执行疫情防控期间相关业务要求。

10. 员工除戴口罩外，还应加强洗手及消毒频次， 尤其注意在工作前、操作后、如厕后等严格洗手，切实加强个人安全防护。

11. 建议员工每人有两套工服以便交替使用。每天要对工服进行洗涤和消毒，确保不会造成潜在的交叉污染风险。白色工服，在洗涤完以后可使用有效氯浓度为250～500 mg/L的含氯消毒液浸泡不少于1小时，然后取出漂洗自然风干，或者采用煮沸的形式，即在100℃的沸水中煮15分钟，然后拿出晾干。有色工服只能采用煮沸的方法进行消毒。

12. 制定疫情期间员工档案管理制度，档案记录应包括但不限于每日出勤人员姓名、身体状况、工作岗位、疫苗接种情况、核酸检测结果等。如当地对疫情期间员工档案管理及报送有明确要求的，应予积极配合并按当地规定登记、报送。

图5-2　疫情时代的酒吧

图片来源：www.witf.org。

二、顾客管理（图5-3）

1. 在入口处安排专人负责根据疫情防控管理要求对顾客进行体温测量并记录，核查健康码和行程码以及核酸检测情况。凡是体温超过37.3℃，并伴有发热、干咳、乏力等症状的，以及有中高风险区旅居史，第一时间禁止入内，并立即上报属地疫情防控管理单位。

2. 对入住酒店等消费的顾客予以实名登记，包括但不限于顾客姓名、性别、年龄、身份证号、联系方式、顾客属地信息、抵达时间、抵达车次、座次/航班号、座位号、来酒店的交通方式等，所有信息记录应确保无误，备案留存。

3. 告知顾客服从和配合饭店在疫情防控期间采取的各项措施，注意个人卫生防护、维护公共卫生。

4. 配备测温仪器和一次性医用外科口罩等防护用品，对不配合或干扰防疫措施的行为，在超出自身管理和职责范围的情况下，依法报告疫情防控管理单位和公安部门。

5. 严格执行健康码管理。顾客进店时出示健康码、测体温，以及核酸检测、疫苗注射等情况。

6. 营业期间要根据店堂内人群密集程度和可能存在的风险隐患，采取相应的导流措施和预警：应尽可能扩大客人就餐时人与人的间隔距离，可推行分时就餐、错位就餐等方式，确保顾客就餐安全，除就餐时全程佩戴口罩。团餐企业，可以采取分批次就餐、分装成盒饭送餐到岗位等方法。

7. 推出并倡导"无接触"网络预订服务。完善并倡导刷卡支付、各种移动支付方式结算。

8. 严禁无报批承办任何聚会、聚餐活动，尽量采取外卖配送方式就餐，减少堂食，对住店客人采取送餐上门服务方式。如进店就餐应间隔桌位就餐，就餐人员间隔距离不得少于1米。

图 5-3　疫情时代的顾客管理

图片来源：www.therail.media。

三、用具管理

1. 保洁用具按区域分开使用，避免混用。

2. 开餐期间安排保洁进行巡场，在顾客用餐后对桌面进行消毒，使用喷壶将消毒液喷在抹布上，用抹布对桌面进行擦拭。餐后对于用餐区喷洒按比例配好的84消毒液，并用消毒液浸泡毛巾，对分餐间玻璃及台面进行擦拭，依次进行消毒。午餐、晚餐闭餐后，开启消毒灯对用餐区域进行消毒。

四、环境管理

1. 保持室内环境清洁，每日通风3次以上，每次20～30分钟。通风时，应注意保暖。公共物品及公共接触物品或部位要定期清洗、消毒。狭小、密闭空间应增加消毒频次，确保消毒效果。

2. 在服务场所醒目位置设置明显标识，提示服务对象自觉佩戴口罩等防护用具，注意个人卫生。

3. 办公电话、电脑键盘、鼠标等，每日用75%的酒精擦拭2次。使用频繁的，擦拭可增加至4次。

4. 工作间内部及门把手每日进行常规消毒。使用时，实行"一客一消毒"。消毒用75%的酒精擦拭。

5. 加强对就餐区域、人员通道和洗手间等场所的消毒灭菌，并每日公示消毒情况；洗手间应配备洗手池及洗手液、消毒液等；每日对洗手间内物体表面使用浓度为250～500 mg/L的含氯消毒液进行擦拭，每日不少于一次。未配备洗手间及洗手池的单位应配备免洗手部消毒液。有条件的企业可把水龙头改为非接触式水龙头。

6. 加强就餐场所和加工场所的空气流通，维护通风和空净系统的正常运转，加大通风换气量，确保营业空间内具有当前条件下最高的换气频次。加大对通风和空气过滤装置进行调试与清洁消毒的力度，增加过滤器的清洁消毒和更换频次。

7. 中央空调系统风机盘管正常使用时，应定期对送风口、回风口进行消毒。中央空调新风系统正常使用时，若出现疫情，不要停止风机运行，应在人员撤离后，对排风支管封闭，运行一段时间后关闭新风排风系统，同时消毒。带回风的全空气系统，应把回风通道完全封闭，保证系统全新风运行。

8. 设立隔离观察区域，做好异常情况处置。监测发现人员健康状况异常时，应立即终止工作，按当地疫情防控要求配合做好后续排查、隔离等待、诊疗等工作。

9. 规范垃圾收集处理，做好垃圾分类，加强垃圾箱清洁，定期进行消毒，设置口罩专用回收箱，及时收集并清运。

五、食材管理

1. 加强食材采购管理，做好索证、索票，确保各类食材、食品的安全。绝不使用过期和不新鲜的原材料。采购进口冷链食材须核查并留存食材单品批次新冠肺炎检测报告。选择具有合法经营资质的供货商采购原材料，严格执行食材进货查验。

2. 禁止经营、贮存野生动物或野生动物制品；不在餐饮经营场所现场宰杀活禽畜，不使用病死、毒死或死因不明的禽畜。

3. 食品、非食品、食品相关产品、化学品要分开存放在不同的区域。干货产品要隔墙离地10厘米存放。散装食品拆包装以后，要留存产品原始包装信息，以备查验追溯。

4. 食物成品、半成品和原材料要分开存放。如需冷藏或冷冻储存的，尽量储存在不同的制冷设备中，如条件所限，成品和半成品需放在同一制冷设备中的，尽量由上往下依次存放蔬菜、海鲜、畜肉类（猪、牛、羊）制品及禽肉类（鸡、鸭、鹅）制品，鸡、鸭、鹅类制品要放在最底层，并确保不要有交叉污染。

5. 按照《冷链食品生产经营新冠病毒防控技术指南》的规定，认真做好每批食品进货查证验货，依法如实记录并保存食品及原料进货查验、出厂检验、食品销售等信息，保证食品可追溯。

6. 每日检查冷库设备的运转和温度。应遵照食品冷藏、冷冻温度要求与管理规范规定的温度进行食材的冷冻和冷藏。确保冷库内冷冻温度≤-18℃、冷藏温度为-1℃~8℃。

7. 冷链食材进库时须对食材接触面、外包装（箱）、用具、高频接触面、垃圾桶、卫生洁具等进行更高频率的清洁和消毒。

8. 进口冷链食材须开箱后对箱内包装食材的表面进行消毒。

9. 冷库应设专人管理，搬运冷链食品时穿戴一次性医用口罩或医用外科口罩、工作服，戴一次性手套，必要时戴帽子。直接接触、切割进口冷链食品的，增加佩戴颗粒物防护口罩、护目镜、防水围裙。处理冷鲜食品的工作人员在每日定期开展体温检测的基础上，定期开展核酸检测。

10. 严格执行餐饮企业的食品安全、环境卫生规范。特别强调烧熟、煮透，确保餐饮具、工用具等器具消毒后使用。

六、加工管理（图5-4）

1. 按照《餐饮服务食品安全操作规范》要求加工制作食品。

2. 做到加工工具分开。可使用有颜色的系统将刀具分开，盛放食品的容器分开，确保海鲜类、肉类、蔬菜使用不同的工具器皿进行加工、储存，避免交叉污染。

3. 对食品原材料如海鲜类、肉类、蔬菜进行分池清洗，避免交叉污染。

4. 菜品须烧熟、煮透，烹调菜品时，中心温度应达到70℃及以上。对需要再次加热食用的菜品加热时，中心温度应达到70℃及以上。

5. 传菜过程中，传菜员工必须佩戴口罩和手套，并在菜品上加一个盖子或者使用保鲜膜罩住菜品，确保菜品在传菜过程中不被污染。上菜的员工也要佩戴口罩和手套，覆盖在菜品上的盖子或保鲜膜不要提前剥离，等放到客人的桌子上再揭开。应给客人提供公筷、公勺便于分餐时使用。

6. 制作外卖食品时应在厨房内装盒完毕，并确保冷菜保温在8℃以下，热菜保温在60℃以上。

图 5-4　疫情时代的餐厅服务加工管理

图片来源：www.CAIXIN.com。

七、配送管理（图5-5）

1. 企业制作半成品销售的，应当在包装或容器上标明单位的名称、地址、联系方式，以及食品的名称、加工制作时间、保存条件、保存期限、在家中加热制作时的要求等内容。

2. 餐饮单位从事外卖供餐服务的，不得超出市场监管局许可核准的经营项目，供餐数量要与自身规模和供应能力相适应。一家餐饮单位向同一服务对象一次供餐不得超过规定的人份；凡供餐超过规定的人份时，食品经营者应取得"集体用餐配送膳食"或"团体膳食外卖"经营项目许可。

3. 外卖外送餐食要加"食品安全封签"。使用的保温箱、物流车及周转用具每天清洁消毒。

4. 有条件的餐饮企业应为外卖送餐人员设立指定通道。对外卖送餐人员健康码、行程码、核酸检测情况、疫苗接种情况、体温等进行检测，并提供口罩、消毒液等用品。

5. 明码标价，质价相符。发挥特色，适应市场。即便在当前疫情防控的不利条件下，也要做到遵守物价管理规定和服务承诺，赢得消费者的信赖。

图 5-5　疫情时代的配送管理

第六章
餐厅服务英语

作为一项国际性职业技能竞赛活动，世界技能大赛采用英语作为工作语言。由于各成员国家或地区的专家和选手的英语水平不一，因此，世界技能组织的竞赛规则规定，允许各代表团竞赛项目配备翻译，在竞赛期间为专家、选手提供口译和笔译等协助。

然而，餐厅服务项目作为一个国际化背景的行业和职业，在世界技能大赛的竞赛中、国际的餐饮行业中普遍以英语作为工作语言。按照2021年10月世界技能全体成员大会的决议，考虑到竞赛项目的实际情况，基于前期调查和研究等，世界技能组织决定对餐厅服务项目等3个竞赛项目采用"只用英语"（English only）方式。即在第46届及以后的比赛中，翻译不直接参与竞赛现场中的工作，专家、选手需要在竞赛期间全程使用英语。

鉴于此种情况，竞赛项目的专家、选手，以及参加选拔赛、集训工作的教练、指导教师、集训选手，掌握必要的英语听读说写能力，对于能否在竞赛中顺利参赛、取得较好成绩至关重要。为此，我们编写了本章餐厅服务英语，涉及迎宾入座、点单、菜肴服务、结账、酒吧等典型的场景环节。希望为专家、教练、选手以及从事餐厅服务项目的相关人员提供参考。

典型场景英语会话

一、迎宾及入座 Greeting and seating the guests

At WorldSkills Kazan 2019, the 45th WorldSkills Competition, there are five modules in Restaurant Service, which are Bar, Barista , Banquet Service, Casual Dining and Fine Dining. However, greeting and seating the guests is the way to make a good first impression to the guests and experts.

在2019年第45届俄罗斯喀山世界技能大赛中,餐厅服务项目分为五个竞赛模块,即酒吧服务、咖啡服务、宴会服务、休闲餐饮服务及精致餐饮服务。但是不论在何种模块中,迎宾及入座都是给客人和专家留下第一印象的重要环节(图6-1)。

图 6-1 中国选手金立立在竞赛中

图片来源:世界技能组织 Photo: courtesy of WorldSkills International。

（一）典型对话 Dialogues

Dialogue 1

Waiter: Good evening, sir, welcome to China Attitude. Do you have a table reservation?

服务员：晚上好，先生。欢迎来到中国态度餐厅。您有预订吗？

Guest: Yes. We have a dinner reservation for four at 7:00 under the name of Wang.

客人：有的。王先生预订了7点四人位晚餐。

Waiter: Yes, Mr. Wang. Please come with me. This table is for you.

服务员：好的，王先生。请……跟我来。……这是您的餐位。

Waiter: Would you care to take a seat? Please allow me (to pull back a chair). I hope everything is OK. I will be right back with the menu.

服务员：您请坐。请允许我……（为客人拉开椅子）。一切都还不错吧。我一会儿就拿菜单过来。

Dialogue 2

Waiter: Thank you for joining us this evening at China Attitude.

服务员：欢迎光临中国态度餐厅。

Guest: I am Mr. Wang, and we have a 7:00 dinner reservation tonight for four people.

客人：我姓王，我预订了今晚7点四人位晚餐。

Waiter: Welcome, Mr. Wang. Please follow me.

服务员：王先生，欢迎您。请随我来。

(The waiter walks the guests to the table.)

（服务员将客人引领到餐桌前）

Waiter: Does this table suit you?

服务员：这张桌子可以吗？

Guest: Of course.

客人：可以。

Waiter: Now, would you like something to drink while you're reading the menu?

服务员：好的。当您看菜单的时候，想要点什么喝的吗？

Guest: Um… I'll take a coke please.

客人：嗯……一杯可乐。

Waiter: I'll put your drink order in and be right back to get your dinner order.

服务员：好的，那我先去下单，一会儿回来为您点单。

Guest: We'll be ready to order when you get back!

客人：好，你回来的时候，我们就可以点单了。

（二）常用句式 Useful Expressions

Good evening. Do you have a table reservation?

晚上好。您有预订吗？

Hi, I am ***, I'll be your waitress today.

您好，我是×××。今天很高兴为您服务。

I am at your service this evening. My name is ***.

今晚我将为您服务。我叫×××。

Allow me to introduce myself.

请允许我做一个自我介绍。

It's my pleasure to provide my service to you.

很荣幸能为您服务。

It's a pleasure to meet you. / It's nice meeting you. / I'm glad to meet you.

很高兴见到您。

Would/Could you please come (with me) this way?

请这边走。

Your table for four is perfectly ready for you.

您预订的四人位已经为您准备好了。

Is this table all right?

这张桌子可以吗?

Please choose a seat as you wish.

请随便座。

二、点单 Taking Food and Drinks order

As a restaurant service practitioner, you need to provide appropriate advice and guidance to guests on the menu choices based on sound knowledge. When taking orders, you should take orders accurately from guests.

作为餐厅服务从业者,应该可以基于自己丰富的知识为客人在点单时提出适当的建议与指导。当点单时,从业者应该能准确地为客人点单。竞赛场景如图6-2所示。

图 6-2　选手在竞赛中为客人点单

图片来源：世界技能组织 Photo: courtesy of WorldSkills International。

（一）前菜推荐

1. 典型对话 Dialogues

Dialogue 1

Waiter: While you are looking over the menu, can I interest you in an appetizer?

服务员：在您看菜单时，我可以为您推荐一款前菜吗？

Guest: An appetizer sounds good. Do you have a special menu?

客人：听起来不错。有特别推荐菜单吗？

Waiter: They are listed on the first page of the menu. The smoked salmon looks good. Have you ever had that?

服务员：有的，就在第一页。烟熏三文鱼不错。您曾经尝试过吗？

Guest: Yes, what's the special?

客人：我吃过。好在什么地方？

Waiter: Now I am showing you the ingredients of the smoked salmon. This is the smoked salmon, but we will serve the middle back part to you. The garnish today here is lemon, onion and soybeans.

服务员：那我给您看一下配料。虽然是烟熏三文鱼，但是我们仅用三文鱼的中段。今天的配菜有柠檬、洋葱和豆子。

Guest: Good, I'll take that then.

客人：听起来不错。那就来一份吧。

Waiter: Thank you. Later, I will prepare the dish over the workstation for you.

服务员：好的。一会儿，我会为您在工作台上亲自制作。

Guest: Wow, that must be great. Thank you.

客人：哇，那太棒了。谢谢。

Waiter: You are most welcome.

服务员：不客气。

Waiter：By the way, does anyone at the table have a food allergy?

服务员：顺便问一下，请问在座的客人有对某种食物过敏的吗？

Guest：No, we are good, thank you for asking./Yes, please don't have*** in our dish, thank you.

客人：我们没问题，谢谢你。/有的，菜品中请不要放×××，谢谢。

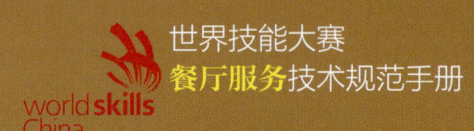

Dialogue 2

Waitress: My name is Mary, and I will be your waitress tonight.

女服务员：我是玛丽。今晚很高兴为您服务。

Guest: Thank you, Mary. We have been looking forward to trying out this restaurant.

客人：谢谢，玛丽。我们想来这个餐厅好久了。

Waitress: Before your main course, would you like to order an appetizer?

女服务员：在主菜之前，您想点份前菜吗？

Guest: Sure, that sounds great. Where are your appetizers listed?

客人：是呀。前菜菜单在哪里？

Waitress: There is a special appetizer menu right here in the center of the menu.

女服务员：在菜单中间有个特别的前菜菜单。

Guest: The chicken and cheese quesadilla looks good. Is that pretty good?

客人：鸡肉芝士墨西哥玉米饼看上去不错。这个好吃吗？

Waitress: You know, that is one of my favorites!

女服务员：这可是我最喜欢的一道菜。

Guest: OK, I'll take one order of that.

客人：好的，就这个吧。

Waitress: You could choose another appetizer for half price to share.

女服务员：您还可以再选一个半价前菜，大家一起吃。

Guest: Perfect! Please add on an order of onion rings.

客人：好的。再加一个洋葱圈。

2. 常用句式 Useful Expressions

Excuse me, Mr. **/ sir /madam, here is our menu.

您好，先生/夫人。这是菜单。

May I recommend our special dishes of the day …

我可以为您介绍一下今天的推荐菜……吗？

May I suggest one of our most popular dishes …

我可以为您介绍我们餐厅特别受欢迎的一道菜……吗？

What kind of dressing would you like (to go) with your salad?

您需要什么调味酱汁来配沙拉？

I'm sorry. I will come back for the order when you're ready.

非常抱歉。您准备好了我就来为您点单。

It's kind of …

这是一种……

It's made from …

这是由……制成的。

It's served with …

配菜有……

Would you like bottled or by glass?

您要瓶装的还是杯装的？

And for you?

您呢？

Does anyone at the table have a food allergy?

请问在座的客人有食物过敏的吗？

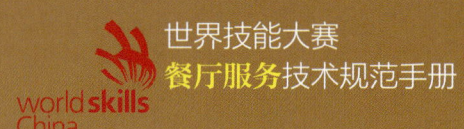

（二）主菜推荐

1. 典型对话 Dialogues

Dialogue 1

Waiter: Have you had enough time to look over the menu?

服务员：可以点单了吗？

Guest: Yes, we are almost ready to order.

客人：好了，可以点单了。

Waiter: Let me remind you of the specials of the day, which are posted on the board.

服务员：在那边宣传板上，还有我们今日推荐菜单。

Guest: Oh, that sounds so good! I'll take that.

客人：看起来不错哟。就那个吧。

Waiter: That is an excellent choice. Please allow me to introduce the ingredients of the main course. This is flambe steak filet which will go with mushroom source. These are two kinds of wine we will using today, red wine and brandy. I'll prepare it at workstation for you. I'll be right back. Thank you.

服务员：很棒的选择。请允许我介绍一下主菜的原料。主菜是煎菲力牛排配蘑菇酱，将会用到红酒和白兰地两种酒水。我将会在一旁的工作台为您制作。我一会儿回来为您服务。谢谢。

Guest: Ok.

客人：好的。

（A few moment later）

（过了一会儿）

Waiter: Here is the main course. Please enjoy.

服务员：这是您点的主菜，请慢用。

Dialogue 2

Waiter: Are you ready to order?

服务员：可以开始点单了吗？

Guest: I think that we have a pretty good idea of what we would like to order.

客人：我想可以了。

Waiter: Let me tell you about the specials of the day, which are chicken in a wine sauce with capers, and grilled garlic shrimp.

服务员：请允许我介绍一下今日推荐菜品，水瓜柳红酒鸡肉和大蒜烤虾。

Guest: I was wondering if the chef could leave off the sauce？

客人：可以不用酱汁吗？

Waiter: The chef would be happy to accommodate your special requests.

服务员：主厨很高兴为您的特殊需求配合调整。

Guest: I am a vegetarian. Do you have any vegetarian selections?

客人：我是素食者。这里有什么素食的选择吗？

Waiter: You could choose the roasted vegetable and garlic pizza or the goat cheese and candied walnut salad.

服务员：您可以选烤蔬菜和大蒜比萨，或者羊奶酪琥珀核桃沙拉。

Guest: I think that we will split the roasted vegetable and garlic pizza.

客人：好的，那我们一起分享烤蔬菜和大蒜比萨吧。

Waiter: That is a good selection, and shall I bring your salads now or serve them with your entree?

服务员：非常好的选择。沙拉是现在就上，还是和您的主菜一起上？

Guest: You can bring us our salads when you bring us our entree.

客人：和主菜一起上就好了。

2. 常用句式 Useful Expressions

I will take it to your table, madam.

我一会儿来上菜，夫人。

What would you like to start with?

您需要什么前菜呢？

May I suggest our … of the day?

我可以帮您推荐今天我们的……吗？

Would you like to try this?

您愿意试一下吗？

What would you like as a side dish, chips or baked potatoes?

您需要什么配菜呢，薯条还是烤土豆？

And to follow?

接下来呢？

It's stuffed with …

馅料是……

It's flavored/seasoned with …

这道菜是由……来调味的。

It's a traditional dish.

这是一道传统菜肴。

（三）酒水推荐

1. 典型对话 Dialogues

Dialogue 1

Waiter: May I take your drink order while you are looking over your menu?

服务员：您需要先点酒水吗？您可以慢慢看菜单。

Guest: Yes, do you have a wine list?

客人：好的，你有酒水单吗？

Waiter: The wine list is on the second page of your menu.

服务员：酒水单在菜单的第二页。

Guest: I am not sure what I want. Do you have any advice?

客人：我不太确定我要点什么？你有什么建议吗？

Waiter: May I present the red wine from France. It's a wine of 2016. Its alcohol per volume is 15%. You will have a taste of fruit flavor.

服务员：这种法国的红酒可以吗？这是一款富含水果风味的2016年的法国红酒，酒精度数为15度。

Guest: That sounds good.

客人：听起来不错。

Waiter: Thank you. Then over the workstation, I will open the wine for you.

服务员：谢谢。我接下来会在那边的工作台为您进行开酒服务。

Dialogue 2

Guest: Do you have any mixed drinks in this restaurant?

客人：你们餐厅有调和酒吗？

Waiter: Yes, we have a full bar there.

服务员：有的，我们那边有个酒吧。

Guest: I am not sure what I want. Do you have any house specials?

客人：我不太确定点什么。你们店有招牌酒吗？

Waiter: Actually, we are famous for our Cuervo Gold margaritas.

服务员：确实有的。我们餐厅的玛格丽特酒是很受欢迎的。

Guest: That sounds good! Please bring me one of those.

客人：听起来很不错。请给我拿一杯。

Waiter: Would you like that drink blended or on the rocks?

服务员：是需要调和的还是直接加冰的？

Guest: I would like it blended.

客人：调和的就好。

Waiter: Would you like it with or without salt?

服务员：加盐还是无盐？

Guest: I would like my margarita without salt, thank you.

客人：无盐的，谢谢。

2. 常用句式 Useful Expressions

Excuse me, Mr. ***/ sir /madam, allow me to present our wine list please.

您好，……先生/夫人。请允许我为您呈上酒水单。

At the moment, we're having a special promotion of … (name of food or drinks).

目前，我们有个……的特别促销（酒水或食物的名字）。

What would you like to drink with your meal?

您随餐需要什么酒水吗？

Would you like to have one of our special cocktails?

您要尝一下我们的招牌鸡尾酒吗？

We have a special cocktail with or without alcohol.

我们有一款招牌的鸡尾酒（含酒精或无酒精）。

What kind of beer would you like?

您需要什么啤酒？

Sir/ Madam, this is your drink… , enjoy your drink.

先生/夫人，这是您的……酒水，请品尝。

Mr. / Mrs. / Ms. , this is the wine you ordered. May I open it for you now?

先生/夫人/女士，这是您点的葡萄酒。我现在可以为您打开吗？

It has a fruit/ nuts … flavour.

这款酒水有丰富的水果/坚果……风味。

Mr. / Mrs. / Ms. , would you like to have another drink please?

先生/夫人/女士，您还需要再来一杯吗？

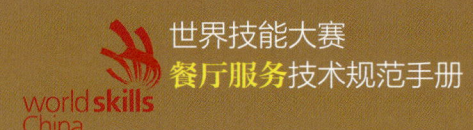

（四）甜品推荐

1. 典型对话 Dialogues

Dialogue 1

Waiter: Did you enjoy your meal?

服务员：菜品还可以吗？

Guest: Yes, we really enjoyed it.

客人：还不错，我们都很喜欢。

Waiter: May I interest you in some dessert?

服务员：我可以为您介绍甜品吗？

Guest: Yes, that sounds great.

客人：可以，听起来不错。

Waiter: We have flambe crepes suzette for our specials. The ingredients are crepes, lemon, butter, sugar, orange juice and orange zest. There are two kinds of wine we will be using today, which are Cointreau and brandy.

服务员：今天我们的推荐甜品是法式薄饼。配料有法式薄饼、柠檬、黄油、糖、橙汁和橙角。并且我们还会用到两款酒水，君度和白兰地。

Guest: That sounds great.

客人：听起来不错。

Waiter: Thank you. Would you like coffee or tea with your dessert?

服务员：谢谢。那么您需要咖啡还是茶来配甜点呢？

Guest: Let's have four coffees, please.

客人：四杯咖啡。

Waiter: OK. Then please pardon me for preparing the dish over the workstation for you.

服务员：好的。那么我一会儿就到那边的工作台为您准备甜品。

Guest: Thank you! We have really enjoyed our meal here.

客人：谢谢。我们非常喜欢这里的菜品。

Dialogue 2

Waiter: So how was your meal?

服务员：用餐还愉快吗？

Guest: Our meal was wonderful!

客人：菜品很不错。

Waiter: Would you like to finish your evening with some dessert?

服务员：那么您需要一些甜品来结束这顿晚餐吗？

Guest: I am full, but maybe we could split a few desserts.

客人：我吃饱了，但是我们可以分享一份甜品。

Waiter: Tonight's dessert specials include chocolate mousse cake, and a spicy rum apple crisp.

服务员：今天的推荐甜品有巧克力慕斯蛋糕和辣味朗姆酒苹果脆。

Guest: I would love the apple crisp.

客人：我想要苹果脆。

Waiter: That is a good choice, but would you like to split a second dessert for the four of you?

服务员：这个选择非常棒。那么您需要再来一份甜点四个人分享吗？

Guest: Add in a chocolate mousse cake and we're good. We will also need four dessert forks, please.

客人：再来一份巧克力慕斯蛋糕吧。还需要四个甜点叉，谢谢。

Waiter: Can I bring you some coffee or tea with your dessert?

服务员：那还需要一些咖啡或者茶来佐餐吗？

Guest: We would like two coffees and two teas.

客人：两杯咖啡，两杯茶。

Waiter: I will put your dessert order in and be right back with your drinks.

服务员：我先为您的甜点下单，马上回来为您们提供咖啡和茶。

Guest: Thanks, and may we have our check when you come back? We have theater tickets and need to leave soon.

客人：谢谢。那你过来的时候，可以把账单拿过来吗？我们一会儿要去看演出，很快就要走。

2. 常用句式 Useful Expressions

Would you care for any dessert?

想要一些甜点吗？

Have you decided what you'd like for dessert?

您决定要什么甜点吗？

May I take your plates?

可以为您撤掉这个盘子吗？

This set/dish is enough for two persons.

这款菜品足够两人分享。

People often say it's delicious.

人们都说这个很美味。

This is a very popular dish.

这是非常受欢迎的一款菜品。

It's Chinese delicacy.

这是一款中国美食。

It's excellent/tasty.

非常美味。

I'm sure you will enjoy it.

我相信您一定会喜欢。

Would you like to have another drink, sir/madam?

再来一杯饮料吗，先生/夫人？

三、菜肴服务 Delivering food

Food service is the core part in the Competition. Competitors must be very familiar with the procedure, but something unexpected would take place in every Competition. So it is very important for Competitors to gain the ability to handle these exceptional situations.

菜肴服务是比赛的核心部分。虽然选手非常熟悉各个服务流程，但是在比赛过程中，还是会有一些出乎意料的事情发生。因此，是否具备处理这些情况的能力就至关重要了。竞赛场景如图6-3、图6-4所示。

图 6-3　选手在竞赛中为客人服务

图片来源：世界技能组织 Photo: courtesy of WorldSkills International。

（一）应对投诉

1. 典型对话 Dialogues

Dialogue 1

Guest: What the hell happens to you guys? Look at this tea. It is sweetened. I am a diabetic patient and that's why I have specifically ordered unsweetened tea.

客人：这到底是怎么了？看看这些茶。竟然加了糖。我是一名糖尿病病人，所以我特意点的无糖茶水。

Waiter: I'm so sorry, madam. I'll bring an unsweetened tea immediately. Please excuse this terrible mistake.

服务员：非常抱歉，夫人。我马上为您更换无糖茶水。请原谅我的错误。

Guest: It's OK, but please always take order carefully.

客人：好吧，但是以后点单请仔细一点。

Waiter: (After few minutes) Here's your tea, madam. Let me know if I can be of further assistance.

服务员：（过了一会儿）这是您的茶水，夫人。如果还有什么需要的，请跟我说。

Guest: No, that's OK.

客人：没有了。

Waiter: Enjoy the rest of your meal.

服务员：请享用您的晚餐。

Guest: Thank you.

客人：谢谢。

Guest: Instead of herbal tea, do you have Earl Grey?

客人：除了花草茶，你们还有伯爵茶吗？

Waiter: Sorry, madam. It would be great if we would have that but at the moment we only have herbal tea.

服务员：非常抱歉，夫人。我们目前只有花草茶。

Dialogue 2

Guest 1: Gross! This burger is raw!

客人1：太糟糕了，这个汉堡竟然是生的。

Guest 2: It's just done rare.

客人2：就是这样的吧。

Guest 1: No, seriously. It's raw! It's so cold. I don't think it ever touched the pan!

客人1：不。这就是生的。这个汉堡太凉了。我觉得这个汉堡压根就没有烹制过。

Waiter: Is everything to your liking?

服务员：菜品还满意吗？

Guest 1: No, it's not. My burger is raw!

客人1：不，一点也不。我的汉堡是生的。

Waiter: I'll go to see the chef about that. I'll be right back.

服务员：我去问一下厨师。我马上回来。

(Waiter checks the kitchen.)

（服务员与厨房沟通后）

Waiter: The chef says it's done rare.

服务员：厨师说这款汉堡就是这样的。

Guest 1: I never even ordered rare! You didn't even ask!

客人1：我压根就没有点生的。你也没有问呀。

Waiter: I am terribly sorry about it. It's standard here that if you order a meat dish without saying how you like it, it's done rare.

服务员：非常抱歉。如果您没有说汉堡肉饼是什么熟度，那么我们就会这样来制作。这是我们餐厅的规则。

Guest 1: But I didn't know. Then …

客人1：但是我不知道呀，而且……

Waiter: How about choosing another dish? Or we will give you another burger. This time, we'll make it how you like it.

服务员：那您可以更换另外一个菜品吗？或者我们为您换一个汉堡。这次，我们会按照您的需要来制作。

Guest: Another burger, well done this time please.

客人：再来一个汉堡，全熟。

Waiter: All right. If there are any problems, just let me know.

服务员：好的。如果还有其他的问题，请直接跟我说。

图 6-4　选手在和客人交谈

图片来源：世界技能组织 Photo: courtesy of WorldSkills International。

2. 常用句式 Useful Expressions

I am really sorry about the matter, sir/madam.

非常抱歉，先生/夫人。

I am so sorry for the inconvenience.

为您带来不便，我非常抱歉。

I do apologize for my mistake.

我诚恳地为我的错误道歉。

Would you mind waiting for a second?

可以稍等一会儿吗？

I'll take care of/ attend to that right away/immediately.

我立刻来处理这件事情。

Your food will be ready in about 5 minutes. Thank you for your patience.

您的菜品还需要5分钟。谢谢您的耐心等待。

Certainly, sir. I'll be right back with that item.

当然了，先生。我马上回来处理这件事情。

Would you like to order something else instead?

您可以点其他的菜品吗？

Please forgive me for my mistake. /Please accept my apology.

请原谅我的错误。/请接受我的道歉。

I'll speak to the chef, and see what we can do.

我会跟主厨说，看看我们还能做什么来弥补。

（二）口味回访（Check back）

1. 典型对话 Dialogues

Dialogue 1

Waiter: Was everything to your satisfaction, sir?

服务员：一切还满意吗，先生？

Guest: Yes, thank you.

客人：不错，谢谢。

Waiter: Can I get you anything else? A coffee, perhaps?

服务员：还有什么可以为您服务的吗？一杯咖啡？

Guest: A double espresso and a cognac, please.

客人：双倍意式浓缩咖啡和一杯干邑。

Waiter: Yes, sir. A double espresso and a cognac.

服务员：好的，先生。双倍意式浓缩咖啡和一杯干邑。

Dialogue 2

Waiter: Is everything fine with your meal?

服务员：一切还满意吗？

Guest: Yes. It's very nice, thank you. Would you mind bringing us another glass of red wine and a Pepsi-Cola?

客人：是的。非常满意，谢谢。可以再来一杯红葡萄酒和百事可乐吗？

Waiter: Of course, sir.

服务员：当然可以，先生。

(15 minutes after serving the customers their drinks)

（酒水服务15分钟后）

Waiter: Have you finished?

服务员：您用完餐了吗？

Guest: Yes, we have.

客人：是的。

Waiter: Would you like to have a dessert?

服务员：那需要来点甜点吗？

Guest: No, we're fine, thanks.

客人：不，可以了，谢谢。

Waiter: Or a tea or coffee?

服务员：那茶或咖啡？

Guest: No. we'd like the bill please.

客人：不了，账单。

Waiter: Of course. I'll just go and get it for you.

服务员：好的。我这就去为您取账单。

(After paying the bill)

（付完账单后）

Waiter: I hope you enjoyed your meal.

服务员：希望您这次用餐还算愉快。

Guest: Yes, we did. It was lovely.

客人：是的，确实很美好的一餐。

Waiter: Enjoy the rest of your evening.

服务员：希望您度过一个愉快的夜晚。

Guest: Thank you. Bye.

客人：谢谢，再见。

Waiter: Goodbye.

服务员：再见。

2. 常用句式 Useful Expressions

How was the food, sir/ madam?

菜品还满意吗，先生/夫人？

Is this tomato bisque to your liking?

番茄浓汤还喜欢吗？

Are your French fires hot and crisp ?

您的法式薯条是热的、脆的吗？

Is your New York steak cooked properly?

纽约牛排做得您还满意吗？

Are you enjoying your smoked salmon/Zinfandel?

烟熏三文鱼/仙粉黛葡萄酒还满意吗？

Is your swordfish tender?

箭鱼肉还嫩吗？

Are those onion rings as tasty as they look?

这些洋葱圈跟看上去一样美味吗？

Have you ever had a better chocolate fudge pie?

这是不是您品尝过的最好吃的巧克力派？

How is everything?

一切还满意吧？

Did you enjoy your meal?

用餐愉快吗？

四、结账 Checking bills

Although during the Competition, competitors will not encounter such situation. However, as a practitioner in catering industry, competitors should know how to present bills, deal with payments, and bid farewell to guests.

尽管在比赛中，选手很少遇到这个环节。但是作为餐饮行业的从业者，选手应该知道如何呈现账单、处理结账事宜，以及在用餐结束时向客人道别。竞赛场景如图6-5所示。

图6-5 选手在竞赛中为客人提供结账服务

图片来源：世界技能组织 Photo: courtesy of WorldSkills International。

（一）典型对话 Dialogues

Dialogue 1

Guest: May I have my bill / check, please?

客人：账单，谢谢。

Waiter: Certainly, sir. One moment, please. (A few moments later) Here is your bill / check, sir.

服务员：好的，先生。请稍等。（过了一会儿）这是您的账单，先生。

Guest: Thank you. (Look at the bill) Why is this item here?

客人：谢谢。（查看账单）为什么有这个菜品？

Waiter: That's a vegetable, sir. It was served with your chicken, sir.

服务员：这是您那款鸡肉配的蔬菜，先生。

Guest: Oh, the vegetables weren't included? I thought it was free.

客人：哦，蔬菜没有包含在鸡肉这道菜里面吗？我以为是免费的呢。

Waiter: I am sorry but it's not sir. They were extra.

服务员：非常抱歉，先生，不是这样的。蔬菜是需要额外付款的。

Guest: Ok. But wait a moment. See here. You seem to have charged me twice for the dessert. Look here (pointing the bill toward waiter). Look at item 8 and 10.

客人：好吧。但是，稍等。看这里，你是不是对甜品重复收费了。看这里（指向账单）8号和10号。

Waiter: I'll just go and check it for you, sir. (A few minutes later) Yes, sir. You're right. The cashier made a mistake. I am terribly sorry, sir. I will come back within a few minutes with the correct bill.

服务员：我马上去为您核对一下。（过了一会儿）先生，您是对的。非常抱歉，我们收银员弄错了。我稍后为您拿来正确的账单。

Waiter: Here is your new bill, sir. I think you'll find it correct now.

服务员：这是您的新账单，先生。我想这是对的。

Guest: (After checking everything) Thank you. It's OK now.

客人：（检查过后）谢谢，现在对了。

Waiter: We're very sorry about the mistake.

服务员：我们深感抱歉。

Guest: Oh, that's all right. Now tell me, can I pay the bill in cash?

客人：没关系。那么我可以现金支付吗？

Waiter: Certainly, sir.

服务员：当然可以，先生。

Guest: Oh, keep the change.

客人：好的，找零给你了。

Waiter: Thank you very much indeed, sir.

服务员：非常感谢，先生。

Guest: And I'd like a receipt.

客人：我要一张发票。

Waiter: Certainly, sir. Just a moment, please. I will be back very shortly.

服务员：没问题，先生。请稍等。我马上回来。

Dialogue 2

Guest: We'd like the bill, please.

客人：账单，谢谢。

Waiter: Here you are.

服务员：您的账单。

Guest: Thank you. Could we pay, please?

客人：谢谢。现在可以支付了吗？

Waiter: Of course, madam. How would you like to pay, cash or card?

服务员：当然可以了，夫人。请问您想如何支付，现金还是信用卡？

Guest: By card, please.

客人：信用卡。

Waiter: That will be $65.00, please. If I can have your card, please?

服务员：一共65美元。您的卡，谢谢。

Guest: Here you are.

客人：给你。

Waiter: Thank you.

服务员：谢谢。

(A few minutes later)

（过了一会儿）

Waiter: If you could sign this, please?

服务员：请在这里签名。

Guest: You want me to put my signature here?

客人：在这里签名吗？

Waiter: Yes.

服务员：是的。

Waiter: Thank you. Here's your card and your receipt.

服务员：谢谢。这是您的卡和发票。

Guest: Thank you.

客人：谢谢。

Waiter: I hope you enjoyed your meal.

服务员：希望您今天用餐愉快。

Guest: Yes, we did. It was lovely.

客人：是的，我们很喜欢。

（二）常用句式 Useful Expressions

How will you be paying?

您想如何支付？

Could you sign here please?

您能在这里签名吗？

Here's your change, sir.

这是您的找零，先生。

Would you like a receipt?

您需要发票吗？

I'll check the bill again if you like.

我想再核对一下账单。

Let me double check that for you.

请让我来为您重新核对一下账单。

A service charge is included in the bill.

账单里包含了服务费。

Here's your card and receipt, Mr. / Mrs., thank you very much.

这是您的卡和发票，先生/夫人，非常感谢。

Thank you, Mr./Mrs./Ms. Have a nice day and wish to meet you again.

谢谢，先生/夫人/女士。祝您有美好的一天，期待再次相遇。

Thank you, Mr./Mrs./Ms. Good night and hope to see you again.

谢谢，先生/夫人/女士。晚安，并期待再次相遇。

五、酒吧服务 Bar Service

The tasks in Bar Service are always related with barista service, champagne reception, alcoholic and non-alcoholic drink service, etc. Competitors must have rich background knowledge about the range of alcoholic, non-alcoholic drinks, and coffee that may be served in the bar. And then they will perform professionally when serving guests.

酒吧服务中会涉及咖啡服务、香槟接待、酒精和无酒精饮品服务等。选手需要有较深厚的酒店服务咖啡、酒水的相关知识，这样才能对客人提供专业服务。图6-6、图6-7为选手在制作鸡尾酒和咖啡。

（一）典型对话 Dialogues

Dialogue 1

Bartender: Good evening, sir. May I serve you any drink?

酒吧服务生：晚上好，先生。您要点什么喝的？

Guest: A gin and tonic.

客人：杜松子酒奎宁水（金汤力）。

Bartender: Would you like ice and lemon in that, sir?

酒吧服务生：先生，需要加冰和柠檬吗？

Guest: Just ice.

客人：只要冰。

Bartender: Here you are. Enjoy the drink.

酒吧服务生：这是您的酒水，请享用。

第六章
餐厅服务英语

图 6-6　选手在制作鸡尾酒

图片来源：世界技能组织 Photo: courtesy of WorldSkills International。

Dialogue 2

Barista: Hi there, how are you today?

咖啡服务生：您好，今天怎么样？

Guest: Fine, thanks. You? Can I get a double shot soy latte?

客人：不错，谢谢。你呢？我要一杯加倍的豆奶拿铁。

Barista: Sure. Do you want a tall or grande?

咖啡服务生：当然可以。中杯还是大杯？

Guest: Just a tall.

客人：中杯。

Barista: Alright. A tall double shot soy latte. That's $4.30.

咖啡服务生：好的。一份中杯加倍的豆奶拿铁。4.30美元。

Guest: Here you are.

客人：给你。

Barista: Thanks. It will be just a minute.

咖啡服务生：谢谢。一会儿就好。

图 6-7　选手在制作咖啡

图片来源：世界技能组织 Photo: courtesy of WorldSkills International。

（二）常用句式 Useful Expressions

What would you like to drink?

您想喝点什么？

How do you like your coffee?

你的咖啡需要加什么吗？（通常是指是否需要加奶或加糖）

Large or small?

大杯还是小杯？

Cream or sugar?

加奶还是加糖？

Would you like ice with that?

加冰吗？

House wine is fine.

招牌酒就可以。

Which beer would you like?

想喝什么啤酒？

Would you like draught or bottled beer?

扎啤还是瓶装啤酒？

What size would you like?

多大杯的？

I'll like to have a small/medium/large latte.

我要一杯小杯/中杯/大杯拿铁。

Our specials are listed on the board.

我们的特色饮品都写在板上了。

附录一
第45届世界技能大赛餐厅服务项目标准规范、竞赛模块及评分方案摘要表

为便于专家、教练、选手、指导教师和专业人士参考,现将第45届世界技能大赛中餐厅服务项目的世界技能标准规范(WSSS)、竞赛模块、评分项摘要表整理如下。

一、第45届世界技能大赛餐厅服务项目世界技能标准规范(WSSS)

序 号	章	权重(%)
1	工作组织和管理	5.00
2	顾客服务和沟通	15.00
3	餐前准备 (mise en place)	10.00
4	食品服务	35.00
5	饮品服务	12.50
6	酒精饮料和非酒精饮料服务	12.50
7	葡萄酒服务	10.00
	合 计	100

二、第 45 届世界技能大赛餐厅服务项目竞赛模块

序号	竞赛模块	配分
1	精致餐饮（Fine Dining）	20
2	休闲餐饮（Casual Dining）	20
3	宴会（Banquet）	20
4	酒吧（Bar）	20
5	咖啡师（Barista）	20
	合　计	100

三、第 45 届世界技能大赛餐厅服务项目竞赛模块评分项摘要情况

1. 精致餐饮（Fine Dining）

序号	子项标准编号	子项标准名称	评分项类型	评分项描述
1	A1	葡萄酒知识		
2			测量	红酒 1（C-4 当天确定）
3			测量	红酒 2（C-4 当天确定）
4			测量	红酒 3（C-4 当天确定）
5			评价	红酒（C-4 当天确定）
6			评价	交流（C-4 当天确定）
7	A2	餐前准备		
8			测量	餐前准备——桌布
9			测量	餐前准备——餐巾折叠

附录一
第45届世界技能大赛餐厅服务项目标准规范、竞赛模块及评分方案摘要表

序号	子项标准编号	子项标准名称	评分项类型	评分项描述
10			测量	餐前准备——瓷器、餐具和玻璃器皿抛光并正确放置（包括调味瓶）
11			测量	餐前准备——对称
12			测量	餐前准备——正确的最终餐前准备
13			评价	餐前准备——整体呈现
14	A3	红酒和饮料服务		
15			测量	开胃酒——向客人介绍
16			测量	开胃酒——正确的玻璃杯
17			测量	开胃酒——正确测量/自由斟倒－同样的高度
18			测量	开胃酒——从右侧服务
19			测量	开胃酒——正确的服务顺序
20			测量	开胃酒——玻璃杯拿走
21			测量	白葡萄酒——向客人展示，以及正确的开瓶步骤
22			测量	白葡萄酒——根据需要加满
23			测量	白葡萄酒——右侧服务，无溢出
24			测量	白葡萄酒——使用了葡萄酒冰桶
25			测量	红酒醒酒——葡萄酒展示和正确的开瓶步骤
26			测量	红酒醒酒——转移技术而且无溢出
27			测量	红葡萄酒——右侧服务，无溢出
28			评价	红酒醒酒服务——技巧、时机、自信
29			评价	甜酒/波特酒醒酒服务——技巧、时机、自信
30			评价	水/饮料服务——技巧、时机、自信
31	A4	食物服务		

序号	子项标准编号	子项标准名称	评分项类型	评分项描述
32			测量	前菜——相等的分量尺寸
33			测量	前菜——盘子清洁
34			测量	前菜——正确的成分
35			测量	汤——分量
36			测量	汤——盘子
37			测量	汤——安全的技巧
38			测量	燃焰菜——分量
39			测量	燃焰菜——盘子
40			测量	燃焰菜——安全的技巧
41			测量	奶酪——正确的切割技术
42			测量	奶酪——认可的分量
43			测量	奶酪——盘子
44	A5	食物服务		
45			评价	鸡尾酒或沙拉服务
46			评价	汤的服务
47			评价	主菜步骤
48			评价	奶酪服务
49	A6	社交技能		
50			评价	向来宾问候及说明
51			评价	社交技能/精致餐饮服务步骤
52	A7	整体呈现		
53			评价	制服——保持良好的姿势/站姿（全天）

附录一
第45届世界技能大赛餐厅服务项目标准规范、竞赛模块及评分方案摘要表

2. 休闲餐饮（Casual Dining）

序号	子项标准编号	子项标准名称	评分项类型	评分项描述
1	B1	铺桌布/折叠餐巾		
2			测量	折叠餐巾——时间
3			测量	铺桌布——未触及地面
4			测量	铺桌布——使用了所有四块桌布
5			评价	折叠餐巾——最终呈现
6			评价	铺桌布——最终呈现
7	B2	餐前准备		
8			测量	餐前准备——桌布
9			测量	餐前准备——餐巾折叠得干净利落
10			测量	餐前准备——所有的餐具和玻璃杯的对称性
11			测量	餐前准备——服务台上的正确摆设，包括边台
12			评价	餐前准备——整体呈现
13	B3	服务1入座		
14			测量	饮料——正确的服务顺序
15			测量	饮品——饮料（玻璃杯）用托盘端上
16			测量	饮料——遵守服务规则/一致性
17			测量	食物——正确的服务顺序
18			测量	食物——最多提供两道菜
19			测量	食物——提供额外的调料瓶
20			测量	食物——以正确的顺序布置
21			测量	食物——按照服务规则
22			评价	服务步骤——所有的桌子

序号	子项标准编号	子项标准名称	评分项类型	评分项描述
23			评价	向来宾问候及说明
24	B4	服务2入座		
25			测量	饮料——正确的服务顺序
26			测量	饮品——饮料（玻璃杯）用托盘端上
27			测量	饮料——按照服务规则
28			测量	食物——正确的服务顺序
29			测量	食物——最多提供两道菜
30			测量	食物——提供额外的调料瓶
31			测量	食物——布置
32			测量	食物——按照服务规则
33			评价	服务步骤——所有的桌子
34			评价	向来宾问候及说明
35	B5	整体呈现		
36			评价	制服——保持良好的姿势/站姿（全天）
37			评价	社交技能

附录一
第45届世界技能大赛餐厅服务项目标准规范、竞赛模块及评分方案摘要表

3. 宴会（Banquet）

序号	子项标准编号	子项标准名称	评分项类型	评分项描述
1	C1	特色燃焰菜		
2			测量	燃焰菜——没有浪费的食物
3			测量	燃焰菜——分量
4			测量	燃焰菜——盘子
5			测量	燃焰菜——火焰
6			测量	燃焰菜——成分
7			评价	燃焰菜——餐前准备
8			评价	特色燃焰菜
9	C2	餐前准备		
10			测量	餐前准备——桌布
11			测量	餐前准备——餐巾折叠
12			测量	餐前准备——磁盘、玻璃器皿和餐具
13			测量	餐前准备——对称
14			评价	餐前准备——整体呈现
15	C3	葡萄酒/饮料服务		
16			测量	水——按点餐的顺序服务
17			测量	葡萄酒玻璃杯（白）
18			测量	葡萄酒/饮料——遵守服务规则/一致性
19			测量	配咖啡的小吃
20			测量	饮水玻璃杯
21			评价	白葡萄酒/红葡萄酒——介绍/开瓶/倒酒
22			评价	红葡萄酒——介绍/开瓶/倒酒

序号	子项标准编号	子项标准名称	评分项类型	评分项描述
23			评价	水/咖啡——服务
24	C4	食物服务		
25			测量	面包和黄油服务
26			测量	开胃菜服务步骤
27			测量	开胃菜一致服务技巧/一致性
28			测量	主菜银盘服务
29			测量	主菜服务卫生安全
30			测量	主菜服务尽可能快
31			测量	主菜在盘中摆放相同
32			测量	甜点——桌面清理
33			测量	甜点——盘子
34			测量	甜点——分量
35			评价	开胃菜装盘
36			评价	主菜服务
37			评价	餐车甜点服务
38	C5	社交技能		
39			评价	向来宾问候及说明
40			评价	社交技能
41	C6	整体呈现		
42			评价	制服——保持良好的姿势/站姿（全天）
43			评价	宴会服务步骤

4. 酒吧（Bar）

序号	子项标准编号	子项标准名称	评分项类型	评分项描述
1	D1	无酒精鸡尾酒		
2			测量	无酒精鸡尾酒——餐前准备
3			测量	无酒精鸡尾酒A——正确的方法
4			测量	无酒精鸡尾酒A——正确的成分，包括装饰
5			测量	无酒精鸡尾酒A——正确的高度
6			测量	无酒精鸡尾酒A——时间
7			测量	无酒精鸡尾酒A——无洒出
8			评价	无酒精鸡尾酒——方法、展示、技巧
9			评价	无酒精鸡尾酒服务
10	D2	气泡葡萄酒		
11			测量	酒吧设置/服务
12			测量	正确的玻璃杯/抛光
13			测量	正确的开瓶步骤
14			测量	无溅出
15			测量	高度相同
16			测量	按要求添加
17			评价	小吃的服务
18	D3	传统鸡尾酒		
19			测量	鸡尾酒——餐前准备（传统鸡尾酒）
20			测量	鸡尾酒——时间
21			测量	鸡尾酒A-C——没有浪费
22			测量	鸡尾酒A——正确的方法
23			测量	鸡尾酒A——正确的成分，包括装饰

序号	子项标准编号	子项标准名称	评分项类型	评分项描述
24			测量	鸡尾酒 A——正确的高度
25			测量	鸡尾酒 B——正确的方法
26			测量	鸡尾酒 B——正确的成分，包括装饰
27			测量	鸡尾酒 B——正确的方法
28			测量	鸡尾酒 C——正确的方法
29			测量	鸡尾酒 C——正确的成分，包括装饰
30			测量	鸡尾酒 C——正确的高度
31			评价	鸡尾酒 A——最终的展示 / 技巧 / 口味
32			评价	鸡尾酒 B——最终的展示 / 技巧 / 口味
33			评价	鸡尾酒 C——最终的展示 / 技巧 / 口味
34			评价	鸡尾酒——服务
35	D4	水果果盘		
36			测量	水果——最少使用四种水果
37			测量	水果——分量大小
38			测量	水果——盘子展示
39			测量	水果——完全去皮的水果必须完全使用
40			测量	水果——水果被切成可食用的小块
41			测量	水果——工作流程卫生且安全
42			评价	水果果盘
43	D5	社交技能		
44			评价	向来宾问候及说明
45			评价	社交技能
46	D6	整体呈现		
47			评价	制服——保持良好的姿势 / 站姿（全天）
48			评价	酒吧服务步骤

附录一
第 45 届世界技能大赛餐厅服务项目标准规范、竞赛模块及评分方案摘要表

5. 咖啡师（Barista）

序号	子项标准编号	子项标准名称	评分项类型	评分项描述
1	E1	传统咖啡服务		
2			测量	咖啡——技术——冲洗组头
3			测量	咖啡——技术——可接受的咖啡浪费
4			测量	咖啡——技术——工作干净，使用不同的清洁毛巾
5			测量	咖啡——技术——在插入前清洁/冲洗萃取手柄
6			测量	咖啡——技术——萃取时间精确至 2 秒内
7			测量	咖啡——等份/干净的杯子/相同的呈现
8			测量	咖啡/牛奶/干净的杯子/相同的呈现
9			测量	咖啡——技术——咖啡浪费可接受的程度
10			评价	咖啡（浓缩咖啡/美式咖啡）
11			评价	咖啡/牛奶（卡布奇诺/拿铁/馥芮白）
12			评价	传统咖啡——服务
13	E2	特色咖啡		
14			测量	特色咖啡——正确的餐前准备/成分
15			测量	特色咖啡——热杯
16			测量	特色咖啡——正确使用原料
17			测量	特色咖啡——奶油
18			测量	特色咖啡——浪费的咖啡
19			评价	特色咖啡——服务
20			评价	特色咖啡——最终呈现
21	E3	创意咖啡		
22			测量	创意咖啡——容器/杯子

序号	子项标准编号	子项标准名称	评分项类型	评分项描述
23			测量	创意咖啡——高度
24			测量	创意咖啡——无浪费
25			测量	创意咖啡——工作流程
26			测量	创意咖啡——食材
27			评价	创意咖啡——服务
28			评价	创意咖啡——步骤
29			评价	创意咖啡——味道
30	E4	整体呈现		
31			测量	制服——干净、熨烫过且合身的制服，符合行业标准——全天
32			测量	制服——鞋子经过抛光并符合行业标准
33			测量	制服——高标准的个人卫生，没有过浓的香水或须后水——全天
34			评价	制服——保持良好的姿势/站姿（全天）

附录二
常用英语词汇表

一、第 46 届世界技能大赛餐厅服务项目英语词汇表

1. 餐厅服务常用词汇

英文	中文
a la carte menu	零点菜单
accompaniment	佐餐物
aperitif	开胃酒
apron	围裙
bone-dry	完全干燥的
breadbasket	面包篮
butane gas pack	丁烷气包
butter dish/side plate	黄油碟
butter dish with lid	带盖黄油盅
butter knife	黄油刀
cake stand	蛋糕架
candle holders	烛台

英文	中文
carbonate	给……充碳酸气
cask	小木桶
champagne saucer	碟状香槟酒杯
cheese rind	乳酪皮
chutney	酸辣酱
cloche	钟形罩
coffee pot	咖啡壶
condiment	调味品
confectionary	甜食（糖果、巧克力等）
cork	软木塞
corkscrew	螺旋开瓶器
corn-on-the cob	玉米棒子
creamer	奶油壶
croutons	（放于汤中食用的）油煎面包块，烤碎面包块
cruet (salt & pepper)	调味品瓶（盐和胡椒）
crumb	面包屑
cutlery box	餐具盒
custard	蛋奶沙司
decanter	醒酒器
decanting funnel	漏斗
dessert / sweet spoon	甜点勺
fizzy	起泡的
flambe pan	燃焰菜平底锅
folding screen	屏风

英文	中文
gueridon service	桌边服务
holding ring	定位环
hollow-ware	凹形器皿、空心器皿
house wine	店酒，餐酒
ice bucket & stand	冰桶与支架
ice cream coupes	冰淇淋碗
jugs for juice collection	果汁壶
lee	（酒瓶等容器中的）沉淀物
main knife	主餐刀
mise en place	餐前准备
molasses	糖蜜，（制糖时产生的）糖浆
oval glass roaster	椭圆形玻璃碗
pantry	食品储藏室（餐具室）
pectin	果胶
pepper grinder	胡椒碾磨器
pepper mill	胡椒研磨器
piquant	辛辣的
plain bladed knife	没有锯齿的刀
plate service	美式服务
portable rechaud /bustane stoves with carrying case	卡磁炉
prong	叉子的齿
pungent	味道（或气味）强烈的
ramekin	（一人份的）小盘子（用于烤制和盛放食物）

英文	中文
red wine basket	红酒篮
residue	残渣，残留物
salt mill	盐研磨器
salver	金属托盘（正式场合用于上饮料或食物）
sauce boat	船形调味碟
sauce cup	酱汁杯
savory	（饭前或饭后食用的）美味小盘菜肴
serrated knife for cake	锯齿刀（蛋糕）
serviette	餐巾（英式英语，同 napkin）
set menu	套餐菜单
show plate	展示盘
sideboard	边台
silver service	银盘服务/俄式服务
slop basin	（餐桌上）倒剩茶用的盆
sneeze guard	护罩
soufflé	舒芙蕾（蛋奶酥）
soup spoon	汤匙
soup tureen	大汤碗
sour cream sauce	酸奶油
stainless steel platter	不锈钢大托盘
starter /dessert knife	甜点刀
starter/dessert fork	甜点叉
steel spatula for cake/pudding	钢刮刀（用于制作蛋糕或布丁）
stoneware	粗陶器

英文	中文
sugar basin	（餐桌上的）糖缸
sugar pot	糖盅
sweetmeats	糖果，蜜饯
table cleaner/crumber	清屑器
tangy	有浓烈气味的
teapot	茶壶
terrine	肉糜
tilt	倾斜
tournedos	酱汁嫩牛排
trestle	支架
triplicate check pad	点菜三联单
waiter's friend	开瓶器
waiter's cloth	服务巾

2. 酒吧常用词汇

英文	中文
agave	龙舌兰
bar mat	吧垫
bar organizer	酒吧分类盒
bar spoon	吧匙
barista	咖啡师
barley	大麦
blender	搅拌机
Boston Shaker	波士顿摇酒器
built	兑和法（鸡尾酒）/直调法
cafetiere	咖啡壶
canape platter	小食托盘
champagne glass	香槟杯
cocktail shaker	鸡尾酒调酒器
cocktail sticks	酒签
cocktail stirrer	鸡尾酒搅拌棒
coffee grinder	咖啡研磨机
coffee grinder (electric)	电动咖啡研磨机
coffee ground	咖啡渣
coffee percolator	滤式咖啡壶
cognac glass	干邑杯
coriander seed	芫荽籽、香草籽
demitasse (for Espresso)	小咖啡杯（意式浓缩咖啡）
double cream	浓奶油

英文	中文
double jiggle	量酒器
dredger	撒粉器
electric mixer	电动搅拌器
espresso cup	意式浓缩咖啡杯
espresso saucer	意式浓缩咖啡碟
fancy glass (Pina colada)	芬西杯
filter basket	滤碗
flute champagne glass	笛形香槟杯
frothy	有泡沫的
fruit platter	水果拼盘
garnet	石榴红
garnish	装饰物
hawthorn strainer	霍桑过滤器
hi-ball glass	海波杯
ice bucket	冰桶
spittoon	吐酒桶
ice pick	碎冰锥
ice scoop	冰铲
ice tong	冰夹
Irish coffee glass	爱尔兰咖啡杯
juice squeezer for lemon	柠檬榨汁机
juicer	榨汁机
juniper berry	杜松子（果）
leaky gasket	漏垫圈

英文	中文
lemon wedge	柠檬角
lilac	丁香
liqueur glass	利口酒杯
maize/corn	玉米
Martini glass	马提尼杯
mixing glass	调酒杯
mobile bar	流动酒吧车
muddler	捣棒
nozzle	喷嘴
nutmeg shaker	肉豆蔻筛瓶
off-dry	半干半甜
old fashioned glass	古典杯
on the rocks glass	洛克杯
peeler	削皮器
pip	（葡萄）籽
pitcher	奶缸
pulp	果肉
rye	黑麦
smoothies	冰沙
steam jet	蒸气喷嘴
steam lance	蒸气棒的喷头
steam wand	蒸气棒
strainer	滤冰器
strainer for double strain	过滤滤网

英文	中文
straw	吸管
tamper	粉锤（平整咖啡粉）
tawny	茶色的，黄褐色的
three-tier stand	用于下午茶的三层点心架子
toothpick set	牙签盅
water glass	水杯
wide-mouth champagne glass	宽口香槟酒杯
wine cage	指香槟木塞上的铁丝固定器
wine cellar	酒窖/红酒储藏柜
wine opener	红酒开瓶器
wine stand	酒架
wooden hammer	木锤
wormwood	蒿，苦艾
zester	削皮器

3. 设施设备及常用材料

英文	中文
adhesive tape (double sided)	双面胶
aluminum foil paper	铝箔
amaretto	杏仁酒
anchovy filet	凤尾鱼柳
Aquavit/Eau de vie	阿瓜维特酒（生命之水）
Armagnac	雅文邑（法国白兰地）
arrack	（大米、糖蜜或椰汁制成的）烧酒
artichoke	洋蓟
asparagus	芦笋
Bacardi	百加得
Bailey	百利甜酒
baize	台面呢（通常绿色，尤用作牌桌、台球台面的衬垫）
bar stool	吧凳
bar table	吧桌
Benedictine	泵酒
blue（mould）cheese	蓝纹奶酪
borril	保卫尔牛肉汁（用牛肉制、用于调味或冲淡饮）
bottled beer	瓶装啤酒
brandy	白兰地
brioche	布里欧（一种面包，黄油鸡蛋圆面包）
Cabernet Sauvignon	赤霞珠（葡萄品种）
Cachaca	巴西朗姆酒
Calvados	苹果白兰地

英文	中文
Canadian Club	加拿大俱乐部（威士忌）
caster sugar	细砂糖
catering tongs	餐饮夹子
cayenne pepper	辣椒粉
Chablis	夏布利
Chardonnary	霞多丽
chef hat	厨师帽
Chemin Blanc	白诗宁
Cherry Brandy	樱桃白兰地
chinois steel ring & mesh	细网筛
cinnamon syrup	肉桂糖浆
Citron Vodka	柠檬伏特加
Claret	（尤指产于法国波尔多地区的）干红葡萄酒
clove	丁香
Cognac	干邑
Cointreau	君度橙酒
consommé/stock	清炖肉汤
cranberry juice	蔓越莓汁
Crème de Cacao – Dark	可可甜酒
Crème de Framboise	覆盆子酒
Crème de Menthe	薄荷利口酒
cutting board	砧板（红——牛羊生肉；蓝——海鲜水产；白——熟食奶酪；绿——水果蔬菜；黄——家禽；棕——熟肉）
dessert wine	甜食酒

英文	中文
draining board	（厨房洗涤池边控干洗过的杯、碟等的）滴水板
Drambuie	杜林标（苏格兰威士忌利口酒）
Dry Sherry	干雪莉酒
Dry Vermouth	干味美思（干苦艾酒）
easytemp thermometer	便携温度计
electric plate warmer	暖碟车
expositor fridge	展示柜（冰箱）
filter paper	滤纸
Fino sherry	菲诺雪莉酒
fortified wine	强化葡萄酒
Frangelico	榛果利口酒
frying pan	平底煎锅
Gamay	加美（一种法国勃艮第葡萄）
gastronorm kit	厨房盛器组合
gateau	奶油水果大蛋糕
Geneva	（荷兰）杜松子酒
German Gewürztraminer	德国格乌兹塔明娜（葡萄品种）
Gewürztraminer	琼瑶浆，一种胡椒味感的白葡萄酒，为法国阿尔萨地区（Alsace）的特产
Gherkin	醋泡小黄瓜
Gin	杜松子酒（金酒、琴酒）
ginger beer	姜汁啤酒
glass rack	杯筐
gomme syrup	糖油

英文	中文
Grand Marnier	柑曼怡干邑力娇酒
Grappa	格拉巴酒（意大利葡萄果渣白兰地）
Grenache	歌海娜（法国葡萄品种）
grenadine syrup	红石榴糖浆
hand blender robot coupe MP	手持粉碎机
hand can opener	开罐器
high chair	高脚椅子（幼儿进食时坐的，带小饭桌）
ice cube machine	制冰机
Irish Mist	爱尔兰蜜思特甜酒
Jack Daniels	杰克丹尼威士忌
Kirsch	樱桃白兰地
ladle	长柄勺
latex gloves	乳胶手套
lemon squash	柠檬汽水
lime cordial syrup	柠檬糖浆
measuring cup	量杯
Madeira	马德拉白葡萄酒（产于大西洋马德拉岛，味甜，度数高）
magnum	（容量为1.5升的）大酒瓶
Malaga	马拉加白葡萄酒
Malibu	马利宝力娇酒
malt	麦芽
Marc	葡萄渣酒
Marsala	马尔萨拉葡萄酒（产于西西里岛的马尔萨拉，通常吃甜食时饮用）

英文	中文
Marsala Sweet	爱醇玛莎拉甜白葡萄酒（爱醇玛莎拉甜白葡萄酒）
mayonnaise	蛋黄酱
Merlot	梅洛（葡萄品种）
mocha syrup	摩卡糖浆
muesli	什锦燕麦
Muscat	麝香葡萄酒（尤其指一种白色烈性甜酒）
muslin	细平布
mustard/wasabi	芥末
Nebbiolo	内比奥罗（葡萄品种）
non stick baking tray	不粘烤盘
non-alcoholic red wine	无酒精红酒
Oloroso sherry	西班牙奥罗露素雪莉
Ovaltine	阿华田（一种瑞士饮料）
oven mitts	防热手套
OZO/Ouzo	乌索酒，希腊特色的茴香利口酒
Parmesan cheese	巴马干酪/帕尔马干酪
passion fruit syrup	百香果糖浆
Pastis	法国茴香酒（常用作开胃酒）
Peach Schnapps	荷产桃味杜松子酒
peppermint liqueur	薄荷酒
peppermint syrup	薄荷糖浆
Pinot Grigio	灰皮诺
Pinot Noir	黑皮诺
Pinotage	皮诺（葡萄品种）
piping bag（disposable）	裱花带（一次性）

英文	中文
place mat	餐具垫
plastic wrap film /cling film	保鲜膜
Poire William	威廉梨子酒
professional hot plate	专业加热板
professional planetary mixer	和面机
Riesling	雷司令（干白葡萄酒）
Dark Rum	黑朗姆酒
White Rum	白朗姆酒
rye	黑麦
salmon tartare	三文鱼塔塔
Sangiovese	桑娇维赛（红葡萄品种）
Sauvignon Blanc	长相思（葡萄品种）
scale	秤
Schnapps	（谷物酿造的）烈酒，荷兰杜松子酒
Semillon	赛美蓉（葡萄品种）
sifter	粉筛
silpat	硅胶垫
sink	水槽
skewer	扦子
skimming ladle	撇渣勺
smoked salmon	烟熏三文鱼
solid serving spoon	服务勺
sorbet	果汁冰糕（雪葩）
sparkling wine	起泡葡萄酒
steamer	蒸箱

英文	中文
Sweet Vermouth (Rosso)	甜味美思（Rosso）
swizzle stick	（清除香槟酒等起泡饮料泡沫的）搅棒
Syrah/Shriz	西拉/设拉子（葡萄品种）
Tabasco sauce	塔巴斯科辣沙司
Tempranillo	丹魄（葡萄品种）
Tequila	龙舌兰酒
Tiamaria	添万利（一种咖啡酒）
undercounter refrigerator	台式冰箱
Vanilla Liqueur	香草利口酒
vanilla syrup	香草糖浆
vinaigrette	色拉调味汁（油醋汁）
Viognier	维欧尼（葡萄品种）
Vodka	伏特加
waffle biscuits	华夫饼
whisk	打蛋器
Whiskey (Bourbon)	威士忌（波本）
Whiskey (Canadian)	威士忌（加拿大）
Whisky (Irish)	威士忌（爱尔兰）
Whisky (Scotch)	威士忌（苏格兰）
white mould cheese	白霉奶酪
white wrap paper roll for kitchen	白色厨房用纸
Worcestershire sauce	辣酱油
Zinfandel	仙粉黛（一种葡萄酒）

二、世界技能大赛常用词汇表

英文	缩写	中文	定义
Accident/Incident Form		事故/事件报告表	用于记录竞赛期间所发生的与选手相关的事故与事件
Admission Fee		入会费	申请加入世界技能组织成员所应支付的一次性费用
Adopt		采纳	有关影响管理或政策和策略的建议,经董事会、竞赛委员会或者战略发展委员会批准后,被全体成员大会正式接受（只有全体成员大会能采纳建议或提议）
Albert Vidal Award		阿尔伯特·维达大奖	选手获得一届大赛的最高分,将获得这一由世界技能组织的创始人：阿尔伯特·维达先生名字所命名的大奖
Appeals Committee		上诉委员会	竞赛期间的争议（dispute）尽管已解决,但原告和被告任意一方认为在达成决议的过程中没有遵照应尽的流程,此争议将由上诉委员会处理
Approve		批准	全体成员大会、董事会、竞赛委员会、战略发展委员会对提议的同意和接受
Aspect of Sub Criterion		子项标准的评分项	竞赛项目的评分标准中,每项评测标准拆分成若干个子项标准,每个评分标准拆分成若干个评分项,评分项是评测的最小单元,可以以测量与评价的方式进行
Assessment		评测	对评分活动的广义术语,包括方法和结果

英　文	缩　写	中　文	定　义
Assessment Criteria		评测标准	评测标准为评分方案的一级标题，按照竞赛规则，通常有5到9项评测标准
Assessment Specification		评测细则	评测细则为按照世界技能标准规范（WSSS）所设定的测试项目和评分方案的内部联系。按照技术说明：评测细则=测试项目+评分方案
Associate Member		准成员	世界技能组织中的准成员，与正式成员资格相比无投票权，每届大赛至多派出3名客座选手参赛，且成绩不计入正式成绩
Best of Nation		国家（地区）最优	在本国（本地区）获得最高分的选手，由本国技术代表推荐，可获得国家（地区）最优选手奖
Board of Directors	BoD	董事会	世界技能组织的管理机构，由主席、常务委员会副主席和财务主管等组成
Competitions Committee Delegate	CCD	竞赛委员会代表	竞赛委员会代表由竞赛委员会主席和副主席任命的一名技术代表，代表竞赛委员会，对至多六个竞赛项目的管理工作进行监督
Certificate of Merit		优秀证书	为世界技能组织做出优秀工作的杰出人士颁发的奖励证书
Certificate of Participation		参赛证书	未获得奖牌或特别奖的选手将获得的参赛证书
Chair of the Competitions Committee		竞赛委员会主席	按照章程，竞赛委员会主席负责所有组织和竞赛相关的组织事务

英　文	缩　写	中　文	定　义
Champion		冠军	任何选手，参加并完成国际性的世界技能大赛取得第1名，则称其为冠军（也叫世界技能冠军）
Chief Executive Officer	CEO	首席执行官	世界技能组织的首席执行官是对世界技能大赛的准备和运行，以及相关活动开展负有主要责任的官员
Chief Expert	CE	首席专家	首席专家是负责进行管理、指导和领导某个竞赛项目的专家，是技能管理团队的一员
Circulated Test Project		予以公布的测试项目	测试项目（赛题）的"公布"指在大赛之前向选手公开
CIS Closure Form		竞赛信息系统关闭表	由首席专家提交的表格，确认已经完成所有的评分和竞赛信息系统相关的责任
Code of Ethics and Conduct	CoEC	道德和行为准则	道德和行为准则是遵照世界技能组织价值观和道德基础的行为指南。规定了世界技能组织的所有运营，包括与同事、成员组织和利益相关方之间的内部和外部交易，并规定了世界技能组织所期望的任何个人的最低行为标准，无论是代表世界技能组织，或代表世界技能组织品牌，或以其他任何身份代表世界技能组织
Communication Card		沟通卡	竞赛前，所有的选手都将拿到一个沟通卡，分为红色卡和绿色卡，以帮助选手用视觉符号进行沟通

英文	缩写	中文	定义
Communications Officer		联络官员	联络官员是他们的国家（地区）所有与世界技能相关的营销、通信、公共关系、媒体和特殊事件信息的直接联系人
Compatriot Communication		本国专家和选手沟通	比赛日的早上和晚上，本国选手与专家有15~30分钟的正式交流时间。只能为口头沟通。不得使用任何记录或交换信息的物品——如笔、纸、手机或电子设备
Compatriot Competitor		本国选手	与专家来自同一个国家（地区）的选手
Compatriot Expert		本国专家	与选手来自同一个国家（地区）的专家
Competition Commencement		竞赛开始	首席专家以数字形式，通过竞赛管理计划，确认授权竞赛的开始
Competition Completion		竞赛完成	竞赛管理团队以数字形式，确认所有任务完成
Competition Information System	CIS	竞赛信息系统	由世界技能组织开发的定制软件，用于对世界技能大赛的所有竞赛项目的评测、评分和结果进行管理
Competition Organizer		竞赛主办方	负责组织世界技能大赛活动的组织/公司
Competition Organizing Guide	OG	竞赛主办指南	指导世界技能组织和竞赛主办方如何准备并举办世界技能大赛的细节指南
Competition Preparation Week	CPW	竞赛准备周	由主办国（地区）在赛前6个月至8个月举办的准备会议，所有的技术代表、场地经理和竞赛项目经理都必须参加

附录二
常用英语词汇表

英　文	缩　写	中　文	定　义
Competition Rules	CR	竞赛规则	竞赛规则定义了为世界技能大赛（包括所有竞赛项目）的组织和行为的决议和规则。它们由竞争委员会更新，并由大会批准。所有成员和参加者都必须遵守竞赛规则
Competition Site		竞赛场地	举办世界技能大赛的场馆
Competition Time		竞赛时间	选手在工位中完成其测试项目所用的时间
Competition Venue		竞赛场馆	举办世界技能大赛的场馆
Competitions Committee	CC	竞赛委员会	竞赛委员会由全体技术代表组成，负责技术和组织方面的所有事项，通过其主席直接向董事会和全体成员大会汇报
Competitions Committee Management Team	CCMT	竞赛委员会管理团队	竞赛委员会管理团队由竞赛委员会主席和副主席、首席执行官、技能竞赛主管组成，协调竞赛委员会相关工作
Competitions Working Group	CWG	竞赛工作组	竞赛工作组是竞赛委员会下的一个分支委员会，接受并完成由竞赛委员会和董事会指定的项目和任务
Competitor	C	选手	由世界技能组织成员的国家（地区）选派的参加竞赛项目比赛的个人
Competitor Familiarization Agreement		选手赛场熟悉协议	熟悉赛场时间结束后，选手将在熟悉场地的协议上签字，确认已熟知所有事项
Competitor Timeout Record		选手超时记录	关于记录所有选手的超时、事故、患病、设备故障和上厕所休息时间等的数字形式的表格

英文	缩写	中文	定义
Constitution		章程	规定世界技能组织的基本原则、组成，描述其组织和管理规定，以及不同机构的职能
core values		核心价值	世界技能组织的核心价值是多元、卓越、公平、创新、公正、合作与公开
Criteria		标准	参见评测标准
Daily Assessment		每日评测	在竞赛信息系统（CIS）中规定的每个子项标准的评测日期
Demonstration Skill		演示项目	新增为世界技能大赛的竞赛项目（自第45届世界技能大赛起取消）
Deputy Chief Expert	DCE	副首席专家	副首席专家为首席专家就技能竞赛的准备和执行提供协助。副首席专家也是技能管理团队的一员
Director of Skills Competitions		竞赛项目主管	竞赛项目主管与竞赛委员会主席、副主席、大赛主办方、秘书处职员及竞赛委员会密切合作，负责对技能项目的准备与实施进行管理
Discussion Forum		论坛	用于沟通、合作、协调世界技能大赛竞赛项目的开发和准备工作的在线工具
Dispute Resolution		争议解决	争议解决是当在问题（issue）解决过程中的分歧、争论、冲突或争议无法解决时，或涉及违反道德准则、竞赛规则或不诚实行为时，将使用的解决方法

英文	缩写	中文	定义
Escalated dispute		升级的争议	竞赛项目级别内未解决的问题，需要进行解决的，以及声称违反竞赛规则、技能特定规则或道德与行为准则的行为，都需要解决的
Exhibition Skill		展示项目	竞赛主办方，可以自费以展示的形式呈现或展示某个竞赛项目的新方面或可能的新的竞赛项目
Expert	E	专家	专家是在某项技能、职业或技术上有丰富经验，代表某个成员组织参与和其专业相关的竞赛项目的个人
Familiarization		（赛场）熟悉	在竞赛开始前，选手对工作场所、准备工具和材料进行熟悉和准备。一般为5~8个小时
Flashcards		闪卡	标记为0到3的卡，用于评价（Judgement）评分。专家先私下选择数字，然后所有专家同时展示结果
Future Competition Organizer Observer		未来竞赛主办方观察员	未来竞赛主办方观察员是未来比赛组织委员会的成员。每位未来竞赛主办方观察员都获得了定制的认证，可根据其职位和职责在不同时间访问竞赛的不同场所
General Assembly	GA	全体成员大会	世界技能组织的最高管理机构。由代表其成员组织的行政代表和技术代表组成
Global Industry Partner	GIP	全球行业合作伙伴	某组织获得的与世界技能组织合作的第2级赞助机会

英文	缩写	中文	定义
Global Partner	GP	全球合作伙伴	全球合作伙伴主要赞助世界技能组织，以支持并促进实现其使命和目标。作为回报，全球合作伙伴将获得协议中约定的各种利益
Global Premium Partner	GPP	全球高级合作伙伴	某组织获得的与世界技能组织合作的第1级或最高级赞助机会
Global Supporter	GS	全球支持者	某组织获得的与世界技能组织合作的第3级暨入门级赞助机会
Guest Competitor		客座选手	来自准成员的选手，他们和其他选手享受一样的权利，但其成绩不计入正式竞赛成绩
Health, Safety, and Environment	HSE	健康、安全与环境	健康、安全和环境是指适用于赛事和竞赛项目的健康、安全和环境要求。不同的竞赛主办方使用的该术语可能有所不同，如健康与安全、职业健康与安全、工作场所健康与安全等
Honorary Member		荣誉成员	授予前任代表的荣誉奖，以表彰他们对世界技能组织的热忱服务
Host Member		主办成员	指定的将举办世界技能大赛的成员组织国家（地区）
Host Member Skill		主办成员竞赛项目	为了支持希望在大赛中推广和恢复以往竞赛项目的东道国成员，每位东道国成员都有权举办不超过五项东道国竞赛项目

英　文	缩　写	中　文	定　义
Independent Assessor		独立评测员	独立评测员由技能竞赛主管任命。他们的作用是审查和确认评分项与真实的描述相符。他们还指导、支持评分团队在评分准备过程中对评分项和描述进行解读。在评分过程中，他们会监控评测和评分所采用的实际方法的质量并提出建议。在某些情况下，他们还可以利用他们对行业和商业标准的知识与经验，作为评分团队的一部分
Infrastructure List	IL	基础设施列表	基础设施列表（基础设施清单）是竞赛主办方为举办技能竞赛项目而提供的材料和设备的清单
Interpreter	I	翻译	翻译（技术翻译）是进行笔译和口译的人员。世界技能组织充分尊重翻译的价值和重要性，对确保专家协同工作、选手公平竞赛至关重要
Issue Resolution		问题解决	当竞赛项目中存在不同意见或观点，而导致出现有关其组织、管理和运行的讨论与争议，将遵照问题解决流程进行处理
Judgement		评价	参考外部基准，对存在细微差异的表现质量进行判别
Judgement Marking Form		评价评分表	评分裁判用于记录评价评分的表格

英文	缩写	中文	定义
Jury		裁判组	裁判组指负责对本竞赛项目的测试项目进行评测的包括首席专家、副首席专家等在内的一组专家，每一个竞赛项目由一个裁判组进行评测
Mark		分数	在测试项目的评分方案中，给选手的满分为100分（请参阅技术说明）。评分方案由若干项评分标准组成，这些评分标准又分为多个子项标准，每个子项标准又分为若干个评分项，每个评分项最高为2分
Mark Summary Form		评分概要表	竞赛信息系统（CIS）输出的表格，其中显示了每项评分标准所获得的分数以及竞赛每一天的总累积分数。在竞赛结束时，评分概要表还会显示每个评分标准的总分和整体总分
Marking		评分	评分是一个狭义的术语，指比例或分数的分配
Marking Scheme		评分方案	评分方案是根据技术说明中的世界技能标准规范制定的对测试项目进行评测的标准。评分方案中对得分进行分配，总分为100分
Measurement		测量	测量用于评测可以被客观测量的准确性、精度和其他表现。测量评分用于需要避免歧义的场合
Measurement Marking Form		测量评分表	评分裁判用于记录测量评分的表格

英　文	缩　写	中　文	定　义
Medallion for Excellence		优胜奖	选手未获得奖牌、成绩为700分以上的将获得优胜奖
Member		（世界技能组织）成员	一个国家或地区中代表其商业、服务业及行业领域的职业教育和培训体系，并得到世界技能组织认可的机构。该机构加入世界技能组织，并被认可为该国家（地区）的成员（组织）
Modular Marking		模块评分	在测试项目的各部分或"模块"完成后随即进行评分，而不是在竞赛结束时对测试项目进行整体评分
Modular Test Project		模块化测试项目	模块化测试项目由若干个模块组成，某个模块完成后可以开始评分
Module		模块	测试项目的一部分。一个模块可以是整个测试项目的一个阶段，或一个独立的子项目
Non-modular Test Project		非模块化测试项目	非模块化测试项目是指整个测试项目完成之后才进行评分
Observer	O	观察员	观察员是以官方投票方式参加比赛的观众，他们没有其他特殊身份
Official Delegate	OD	行政代表	每个成员由行政代表（OD）和技术代表（TD）组成。行政代表和技术代表在全体成员大会上代表其成员组织。战略委员会由行政代表组成

英 文	缩 写	中 文	定 义
Official Observer	OO	官方观察员	官方观察员是成员所在国家（地区）的VIP，可以参加世界技能组织的会议和特殊的竞赛主办方活动
Official Results		正式结果	经技术代表和行政代表审核，并由大会批准的竞赛结果
Official Skill		正式竞赛项目	二次举行的竞赛项目将成为世界技能大赛的正式竞赛项目（第45届世界技能大赛为新增项目直接成为正式竞赛项目）
Pilot Project		试点项目	试点项目是指在改善世界技能大赛某方面的项目。试点项目由竞赛委员会商定并指定，在下一次世界技能大赛中进行小规模试验（试点），然后根据先前建立的标准进行评审
Point		分数	选手成绩按100分评测后，将按700分制进行标准化，以供不同的竞赛项目间横向比较
Presentation Skill		展示竞赛项目	主办成员自费举办的竞赛项目（自第45届世界技能大赛取消）
President		主席	主席为来自成员国/地区的个人，在全体成员大会中以半数以上票选出，负责领导世界技能组织，任期四年。主席主持全体成员大会，并主持董事会
Quality Auditor		质量审计员	由董事会任命并向董事会报告，质量审计员对比赛所采用的程序和实际方法进行独立的知情评估，以提出改进建议，并监督执裁和准确结果的汇编

英 文	缩 写	中 文	定 义
Ratify		批准（通过）	批准（通过）是指使文件或证书成为官方文件（影响世界技能组织的规则、政策或法律）的行为。只有全体成员大会才能批准文件或证书，或对文档进行更新
Recommend		推荐	个人或机构正式向世界技能组织机构提交提案、建议或申请，以供决策、批准或采纳。其中包括接受人或机构将正式批准，采纳或拒绝的决议草案或会议记录
Registration		注册	成员注册参加世界技能大赛的过程。涉及五个阶段：临时注册、专家和技术代表的注册、临时注册的更新、确定性注册和注册参加者详细信息
Score		等级	等级是由一名裁判组成员对"次级评分标准"的某一评分项的评判给予的等级。等级必须介于0到3。最终得分根据评分小组三位专家评定的等级计算得出
Sector		（竞赛项目）领域	当前世界技能大赛的竞赛项目共分为六大领域：结构与建筑技术、创意艺术和时尚、信息与通信技术、制造与工程技术、社会与个人服务、运输与物流

英文	缩写	中文	定义
Skill		竞赛项目	竞赛项目通常是指通过教育、培训和实践获得的特定专门知识和技能。按照世界技能标准规范（WSSS），每个竞赛项目代表了一系列连贯的技能，这些技能共同反映了全球行业和企业的最佳实践。非正式地，这些竞赛可以称为竞赛项目。在正式文件中，技能竞赛通常应以其完整标题来指称，即技能竞赛
Skill Competition		技能竞赛	技能竞赛是指针对某个竞赛项目、行业或技术的技能竞赛。
Skill Competition Manager	SCM	竞赛项目经理	竞赛项目经理负责在赛前21个月至赛后1个月对竞赛项目提供管理、指导和领导。竞赛项目经理是技能管理团队的一名成员，由世界技能组织基于个人意愿并按流程任命
Skill Management Team	SMT	项目管理团队	每个技能竞赛都有一个项目管理团队。它包括竞赛项目经理（SCM）、首席专家（CE）和副首席专家（DCE）
Skill-level Dispute		竞赛项目内争议	与管理和运行竞赛项目有关的问题，可以由技能管理团队和/或竞赛委员会代表和/或专家的技术代表在竞赛项目中解决的
Skills Management Plan	SMP	技能管理计划	技能管理团队将制订技能管理计划，其中详细说明了从竞赛开始到竞赛结束期间进行竞赛所需的计划、时间表和任务

英 文	缩 写	中 文	定 义
Standards and Assessment Advisor	SAA	标准和评估顾问	标准和评估顾问由董事会根据竞赛委员会主席和副主席的推荐任命，负责监督世界技能组织的评测系统，包括通过将明确定义的标准规范纳入技术说明和标准来开发最佳的评测实际方法、评分方案。标准和评估顾问必须具有比赛经验，对标准和评测有广泛而深入的理解，与世界技能大赛相关的评测准备经验、竞赛信息系统（CIS）的工作知识
Standing Committees		常务委员会	世界技能大赛设有两个常务委员会：战略发展委员会和竞赛委员会
Standing Orders	SO	议事规则	议事规则规定了组织事务的实施，并定义了组织的官员和委员会的规则和职责。竞赛规则是议事规则的一部分
Strategic Development Committee	SDC	战略发展委员会	战略发展委员会由行政代表组成，主要负责战略发展委员会领导的董事会成员的共同责任。战略发展委员会对所有战略发展进行监督，并支持世界技能组织的愿景、使命、宗旨和目标的方式
Sub Criterion		子项标准	每个评分标准都分解为多个子项标准。每个子项标准都细分为若干个评分项，应为其配以分数。评分项可以是评价评分或测量评分二者之一
Submit		提交	个人或机构可以正式向世界技能组织的机构提交提案，用于决议、批准或者采用

英文	缩写	中文	定义
Team Leader	TL	领队	在竞赛期间，每个选手由领队负责与之联系。领队的职责是照顾年轻选手的心理和身体健康，规范其纪律和行为
Team Skill		团队竞赛项目	每个团队有两个或更多名选手参加的竞赛项目
Technical Delegate	TD	技术代表	每位成员提名一名技术代表作为其在竞赛委员会中的代表
Technical Delegate Assistant	TDA	技术代表助理	成员最多可以任命两名技术代表助理来协助同时担任了竞赛委员会代表（CCD）的技术代表
Technical Description	TD	技术说明	每个竞赛项目都有一个技术说明，该技术说明指定技能竞赛的名称、相关的工作角色或职业、世界技能标准规范、评测指南、评分方案，格式/结构、开发、选择、验证、公布和30%更改的程序测试项目、技能竞赛的进行、任何特定的健康、安全和环境要求，选手和专家将提供的材料和设备，竞赛场地中禁止使用的材料和设备等
Technical Observer	TO	技术观察员	技术观察员是将在以后比赛中担任场地经理的个人。他们被允许进入竞赛场地区域参加竞赛项目，以获得经验。一个竞赛项目可能只有一名技术观察员

英　文	缩　写	中　文	定　义
Test Project	TP	测试项目（赛题）	每个竞赛项目都有一套测试项目（赛题），该项目描述了选手要表现出的卓越技能的工作。测试项目必须设计成15~22个小时的工作时间完成。测试项目必须使参赛者能够按照技术说明（包括世界技能标准规范）中规定的有关工作角色或职业的真实要求进行并完成比赛
Test Project 30% Change		测试项目30%变更	对于予以公布的测试项目，在赛前由专家或独立人士必须在竞赛主办方提供的设备和材料的限制范围内更改至少30%的工作内容
Translator		翻译	参见翻译（Interpreter）
Treasurer		财务主管	作为董事会成员，财务主管的基本职能是协助董事会履行其信托责任，管理成员上交的资金，负责审查确保金融系统质量的要求，与首席执行官和审计师密切合作，并在大会上报告年度账目和预算。财务主管还应承担风险管理职责，以识别组织、其管理人员和利益相关者的财务、法律和名誉上的风险，并确保制定适当的风险管理策略
Vice President for Competitions		竞赛副主席	竞赛副主席是竞赛委员会主席，也是董事会成员。与竞赛委员会副主席合作，他们专门负责技术开发和技能能力标准
Vice President for Special Affairs		特别事务副主席	作为董事会成员，特别事务副主席与董事会主席合作，负责新项目的开发与发展

英 文	缩 写	中 文	定 义
Vice President for Strategic Affairs		战略事务副主席	战略事务副主席担任战略委员会主席，也是董事会成员。他们与战略委员会副主席合作，专门负责赛事的组织和战略事务
Workshop		竞赛场地	举行竞赛项目竞赛的特定区域。包括选手的工位、专家办公室、存储空间等
Workshop Manager	WM	场地经理	场地经理是经过认证、具有经验的人员，负责竞赛场地的设施、材料的准备，以及竞赛场地的健康、安全和环境的整齐、整洁。场地经理由竞赛主办方任命
Workshop Manager Assistant	WMA	场地经理助理	在竞赛委员会主席和副主席以及技能竞赛主管同意的情况下，竞赛组织者可以任命一名或多名场地经理助理，这些助理应遵守与场地经理相同的规则。场地经理助理向场地经理报告
Workshop Sector Manager	WSM	场地领域经理	场地领域经理是具有所任命的领域中的某个竞赛项目的相关认证、具有经验的人员，负责监督其领域中的场地经理。竞赛主办方为每个领域任命一个场地领域经理
Workstation		工位	选手在竞赛场地中的工作区域或工作位置
WorldSkills Champion		世界技能冠军	任何选手，只要参加并完成国际级别的世界技能大赛并取得第1名，则称其为世界技能冠军（也叫冠军）

附录二
常用英语词汇表

英文	缩写	中文	定义
WorldSkills Champions Trust	WSCT	世界技能冠军联络组	世界技能冠军联络组是冠军组成的团队，将共同努力，在竞赛之外将冠军们与世界技能组织紧密联系起来。该小组将与协调员一起，帮助提高世界技能冠军的参与度。每位代表负责与部分成员国和地区联系，聆听冠军们的声音
WorldSkills Competition	WSC	世界技能大赛	世界技能大赛包括所有的竞赛项目、开幕式和闭幕式以及其他与世界技能相关的活动
WorldSkills Scale		世界技能分制	世界技能组织将所有竞赛项目的成绩换算为统一的分制：世界技能分制。竞赛信息系统（CIS）按照世界技能分制对100分制成绩进行标准化，转换为700分制，以便对各个竞赛项目进行比较
WorldSkills Occupational Standards	WSOS	世界技能职业标准	每个竞赛项目都有一个世界技能职业标准（WSOS）。它指定了该项目在技术和职业表现方面构成国际最佳实践方法的知识、理解、技能和能力